わたしはドレミ

平野恵理子

AKISHOBO

わたしはドレミ　目次

飼い主のつぶやき

飼い主日記

リリーさんと
レリーさんに、
感謝を込めて

わたしはドレミと申します

わたしの名前はドレミ。この夏で五つになるキジ白猫です。エリーと一緒に住んでます。

みなしごだったわたしは、それまでは東京のリリーさんのところで可愛がってもらってました。リリーさんは、エリーの長年のおともだちであるレリーさんのご紹介です。

仲良しのリリーさんとレリーさんは二人で、わたしはエリーのところで生きていくのがいいのでは？　って相談してくれたんですって。それでエリーに連絡があって、わたしの名前も人生も決まったってところね。

リリーさんのところに来たのは生まれてからふた月くらいのことだったので、最初のころの記憶は曖昧。エリーも一度わたしに会いにリリーさんのところに来たらしいけど、おぼえてないなあ。

リリーさんのおうちには仲間がたくさんいたんだ。いつも一緒に遊んでもらってたから楽しかったなあ。やさしいリリーさんのところには三週間いました。

そして夏の終わりのある日、東京のリリーさんとレリーさんに連れられて、わたしはエリーのところへやってきたっていうわけ。一人暮らしのエリーのところに来たので、今は母一人子一人って感じ。

広々したリリーさんのおうちに比べるとエリーの家はコンパクトだけど、まあまあそれなりに心地よくやってます。

ただ、わたしがいちばん気に入ってる椅子は、どうもエリーも好きらしいの。ごはんを食べるときや、なにか書き物をするときは必ずその椅子にすわってる。だからいつも取り合い。エリーがその椅子を離れたら、ほかのところにいてもすぐにその椅子にすわることにしてるんだ。でも、わたしがすわったり寝たりしていても、わたしをどけてでも自分がすわろうとするんだから、ちょっと自分勝手なんだよね、エリーは。ほかにも空いてる椅子はいくつもあるんだから、空いてるところにすわればいいのに。

ドレミという名前は、エリーがつけてくれました。ウディ・ガスリーというアメリカのフォークシンガーがつくった「Do Re Mi」という曲名からつけたんだって。エリーが大好きなミュージシャンのライ・クーダーが歌っていた曲だから知っていただけで、ウディ・ガスリーの曲だってことは知らなかったらしい。

その詞のなかの「do re mi」は、「お金」を意味してるんだって。「ドレミがなければ帰っとくれ」、とかそんな労働者のことを歌った曲らしいの。これはエリーがピーター・バラカンさんの本『ロックの英詞を読む——世界を変える歌』からの受け売りで教えてくれたこと。

わたしがエリーのうちに行くことが決まって、名前を考えている最中にその本を読んでいたら「Do Re Mi」という曲名が出てきて「ピン」ときたってエリーは言ってる。「ドレミ」はハ長調の最初の三音階で、明るくて呼びやすくておぼえやすい。それにちょっぴりふざけた感じもわたしは気に入ってるんだ。Cメジャーは永遠のハッピーコードだと思うな。「全人類の共通無意識」（この言葉も©ピーターさん）に根ざしてるね。

でも、エリーがわたしの名前をおともだちに教えると、一人残らず聞いた途端に笑うんだって。なぜ？　ちょっと失礼じゃない？　人の名前を聞いて笑うって。まあ、怒ったり悲しんだりされるんじゃ困るけど、笑ってくれるんだからいいか。

エリーも最初は古風な「小雪」とか「お染」なんていう叙情的な名前も考えたらしいけど、どうもリリーさんのおうちで会ったときのわたしの印象が、それはちと似合わない（まったく失礼な）と思ったらしいの。どこかわたしにはパンクでヒップな印象があったらしくって、それでみんなが聞いた途端に「あはは」と笑っちゃう名前がつけられたってわけ。

ドレミ上等。ドレミでいいの。ドレミがいいんだ。わたしはドレミ。

わたしはドレミ

大寒の朝

今朝は寒かったな。エリーがお布団から出ても、わたしはしばらくそのままお布団の中でヌクヌクしてた。エリーが寒暖計を見て、「ひゃー、室温零度だよ」って言ってたっけ。この冬一番の冷えだって。エリーがスイッチを入れたストーブに火がつくまでは、お布団の中にいようっと。

顔を洗って洗面所や玄関の掃除をして部屋に戻ってきたエリーが、「ドレちゃんお寝坊さん」と言って笑うので、ようやくお布団から出たんだ。いつもの窓からのお外チェックも短めにすませて、おやつのお椅子で丸くなってた。本当に寒いんだもん。

珍しく朝から丸くなってるわたしを見て、エリーが隣にすわってきた。へえ、隣に来てもらうとあったかいなあ。そんで、前掛けにつけてる手拭いを背中にかけてもらったら、さらにいい感じ。オッとうっかり喉をグーグル鳴らしちゃった。あんまり甘ったれてるところは見せないようにしてるんだけど。

しばらくそうしてたら気が向いたので、すぐそこにあるエリーのお膝に乗ってみることにしたんだ。普段お膝に乗るのはおやつを食べるときだけなんだけど、今日はあんまり寒いので特別にね、禁を解いて。

膝に乗ってもおやつをねだらないのでエリーはびっくりしてた。びっくりして緊張してた。なるべく動かないようにして、撫でたりもしない。しばらくお膝の上にすわってたけど、そのうち気持ちよくなってきたので、伏せ姿勢からさらに香箱に。あ、エリーがおそるおそる背中を撫でてきた。オッケー、オーライ、いい感じ。

部屋でかかっている音楽が、「リンゴー」（ローン・グリーン）、「ミスター・タンブリン・マン」（ザ・バーズ）、「夢のカリフォルニア」（ママス&パパス）、「グッド・ヴァイブレーション」（ビーチ・ボーイズ）と次々に替わっていく間、ずっとお膝にいた。

聴いてるとどれもずいぶん不気味な曲ね。このCDは、エリーの好きなハル・ブレインっていう人が、ドンストトトンと太鼓を叩いている曲ばかり集めたアルバムなんだって。いつもは踊りながら聴いてるのに、わたしが膝にいるもんだから、微動だにしないエリー。おもしろいなあ。

「メリー・メリー」(モンキーズ)、「ビートでジャンプ」(フィフス・ディメンション)、それから何曲も進んでエルヴィスの「ア・リトル・レス・カンヴァセーション」まで聴いて、だいぶあったまったので、お膝から失礼しました。その間三十分弱。お膝に乗るのもここまで寒い朝じゃない限りそうないと思うので、またの機会などは期待しないでくださいませ。

じゃ、このあとのおめざ、そうして朝ごはんよろしくお願いします。

日めくり

　ほとんど毎朝のこと、洗面所から、

「あれ～、かわいいね～」

　とか、

「まあ～、いい子ね～」

　っていうエリーの声が聞こえてくる。

　そんな声が聞こえると、こっちとしてはやっぱり気になるわけ。わたしはここにいるのに、この家でかわいい子はわたしだけのはずなのに、ほかにかわいいとか言われる誰かが向こうにいるってこと？　で、急いで走って行って確かめる。冗談じゃない、わたしのほかにかわいい子がいるなんて許せませんから。でも行ってみると誰もいなくって、エリーが一人でニコニコしてるだけ。

「あらドレちゃん、ドレちゃんもかわいいよ」

なんて言っちゃってさ。

なんか変だなあと思ったら、日めくりってものがあるらしいんだけど、どうやらそれに向かってエリーは「かわいい」とか「いい子」とか言ってるみたいなんだ。へんなの。

洗面所には三種類も日めくりがあって、エリーはそれを毎朝顔を洗うときに全部めくるんだよね。ひとつはふつうの日めくり。もうひとつは中国の日めくり。さらにもうひとつが問題なんだけど、これがどうも猫の日めくりらしい。これをめくっては、いちいちその日の写真の猫に声をかけてるらしくって。まったくいい加減にしてほしいわ。

そうわかっていても、また次の日の朝に「かわいいね〜」って声が聞こえると、つい確かめに洗面所まで走って行っちゃうのよね。気になって。

朝のブラシ

朝起きて、エリーが顔を洗って部屋に戻ってくると、今度はわたしのブラシの番。それまでわたしはいつものとおり、朝いちばんの窓の巡回偵察をしてるんだ。窓の外を熱心に見ていると、洗面所から戻ってきたエリーが「ドレちゃん」と呼んでくれる。その声を聞いたら一目散に駆けていくの。ふつうは呼ばれてもそう簡単にホイホイと走って行ったりはしないんだけれど。猫の沽券（こけん）に関わりますからね。でも、朝のブラシのときだけは別。もう迷うことなくエリーにまっしぐら。

ブラシは、いつもの丸い座布団の上で。ここにエリーにお尻を向けて真っ直ぐに平たくなってスタンバイ。静かにして待っていると、エリーは巾着からブラシを出して、「ブラシ唄」を歌いながら順番にブラシしてくれる。まずは頭から。

「♪ブラシ、ブラシ、おつむをブラシ、おつむのブラシをいたしましょう」

で、次はほっぺで次はおくび、それから背中へ進んでいくの。ほっぺは右、そして左ってしてもらうんだけど、左のほっぺをブラシしてもらうとき、必ずあくびが出ちゃうんだな。毎朝同じところであくびをするもんだから、エリーはうれしそうに笑うのよ。

「出たー、あくび」

なんて言って。

背中と尻尾が終わるころ、わたしはいつの間にかコロンと横になっちゃってるわけ。そうすると、エリーは上側になってるわたしの前脚を持って広げて、

「お胸、失礼しますよ」

とか言って、喉から胸から前脚や脇をブラシするの。これが気持ちいいんだ。よきによきに。

次は後ろ脚を持って、

「おなか、失礼しますよ」

って、おなかやね、脚の内側をブラシするの。これもまた気持ちいい。

片方が終わったら、エリーが、

「ターンノーバ」

って言うので、くるりんと体の反対側を上にするの。自分でできることもあるし、いくらエリーに言われてもよくわかんなくてキョトンとしてることもある。自分でできたときは、

「天才ちゃん」

って褒めてもらえるけど、そうそういつもわたしは天才じゃないので、自分でできないときは、エリーがひっくり返してくれる。で、また同じようにお胸とおなかブラシしてもらって、これで一式終わりなの。

「はい終わり」

って言われてもまだそこでゴロゴロしてることもあるし、即座に窓偵察に戻ることもあるし。気分次第ね。

ブラシが終わったあと、エリーはブラシについたわたしの毛をはずして、「自分玉」を作ってる。毎日まいにち、きのうまでの自分玉に今日の毛を足していくので、一年もたてば野球のボールくらいの大きさになっちゃうんだ。おととしの自分玉と去

年の自分玉は、それぞれ蓋つきのガラス瓶にはいっていて、今年の自分玉も着々と大きくなっているところ。

ときどきエリーは自分玉で遊ばせてくれる。わたしはそれに噛みついてぐちゃぐちゃにするのが好きなんだ。遊ぶってそういうことだからね。でもそうすると、エリーは「あ〜」なんて言ってわたしから自分玉を取り上げる。で、またクルクルきれいに丸めてガラス瓶に入れるんだ。まあ、ほかにおもちゃはいろいろあるから、わたしとしては自分玉で遊ばなくたって全然いいんですけど。

体重測定

去年の秋に体重が減ってからは、毎朝体重測定をするようになったの。まずエリーが体重を測って、そのあとわたしを抱っこしてもう一回測るのね。それで引き算するとわたしの体重がわかるってわけ。

朝起きて、エリーが体重計に乗ってると、次はわたしだなあって思いながら、窓のところで知らん顔してる。でもしばらくするとエリーがやってきて、

「失礼します」

とか言って抱き上げるの。

「やめてください」

っていちおう抗議はするんだけど、

「毎朝の体重測定なので、ご理解ご協力お願いします」

まで言われると、もう抵抗するのもどうかな、って思っておとなしく抱っこされ

てる。

体重計に乗ると、最初ピッて鳴って、もうしばらくおとなしくしてると今度はピピッと鳴っておしまい。

「はい、測れましたー。お疲れさま」

ってそっと椅子の上に下ろしてもらって、わたしは無事解放される。

そのあとエリーは真剣に体重計と睨めっこしてるんだ。前は自分の体重の増減に毎朝唸っていたけど、わたしの体重を測るようになってからは、自分の体重は気にしてられなくなっちゃったみたい。わたしの体重百グラムの増減が大きな問題らしくって。何とか大丈夫そうな体重のときは、

「安心あんしん」

ってニコニコしてるけど、百グラム減ってた朝は、

「ドレちゃん、もっと食べなくちゃ」

そんなに痩せちゃってどうするのとかって、もう心配しちゃってたいへん。百グラム増えたり減ったりでどんどん減っているわけじゃないから大丈夫と思うけど、

心配性のエリーは気が抜けないみたい。まあわたしもせいぜい食べるようにして、
もう少し太ってエリーを安心させたいとは思ってます。

ブラシ

朝イチのブラシは、猫の機嫌によって平和裡に完了できるときと、途中決裂するときとある。どちら側に終結するかは全く予測がつかない。いい調子で進んでいると思うと突如態度を豹変させるときもあれば、最初はぐずっているのにだんだん搗きたての餅状に柔らかくなってうっとりしているときもあるのだから。

ボ〜ッとブラシかけてもらってると、
餅状になる

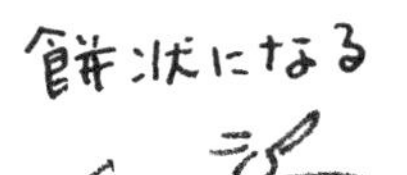

ごはん

あんまり食べることに熱心じゃないのよね、わたし。ちょっとしか食べない。それも気が向いたときに。

「ごはん、どうぞ～」

ってエリーが呼んでも、ふ～ん、って感じ。すぐに走って行って食べるなんてしません。好きなおやつは張り切って食べるんだけどね、ごはんってなるとどうでもいいかな、って。

それでも、好きなごはんはあるんだ。まず、ささみね。ささみを蒸してほぐしてもらったの、あれはおいしいね。でも、一度にささみ一本は食べられないから、一本の半分だけほぐしてもらっていただきます。次のごはんのときに、残ったのをほぐしてくれてたんだけどね、そんな古いのはおいしくないから食べません。

最初はエリーも、

「食べなさいよー」

って言ってたけど、このごろはわかったらしくって、残ったささみは自分で食べてるみたい。エリーったらね、猫の残り物を食べてんの。フフ。

今日買ってきてもらったささみはおいしいけど、次の日になるともうだめ。冷凍したのもイヤ。だから、買ってきたささみ三本入りパックのうち、二本半はエリーが食べてるよ。それに毎日だと飽きるから、まあ一週間に一度くらいがちょうどいいかな。

それからね、生のお魚は苦手。細かく刻んでもらっても、ウエッってなっちゃう。お刺身も、蒸してもらうと食べられる。蒸したのを、よーくほぐしてもらって。でも、二回、三回って続くともう飽きちゃって食べる気がしないのね。わがままって言われても、食べられないんだから仕方ない。

パウチのごはんも、同じのが続くとハンストしちゃう。前はおいしく食べたのも、その日の気分で食べる気がしなくなることもあるし。

「今日は大好物のマグちゃんしらす添えだよ」

とか、

「今日はドレちゃんの好きなカツオ君なんだ」

って言うけど、そうだっけ、これわたしよろこんで食べたかな。

「前はパクパク食べてたじゃん」

なんて文句言ってるけど、忘れちゃった。だから、エリーはいろんなパウチを大きなガラスジャーにたくさん入れて、わたしの気分を読みながらその日その日のごはんを選んでるみたい。とはいえねえ、そう簡単に読み取れませんよ、わたしの気分なんて。

おやつ

おやつは、午前中の十一時と午後の四時。時計は読めないけど、その時間になればわかるので、仕事をしているエリーのところへ行って背中をポンポンとたたいてリクエスト。そのたびにエリーは、

「ドレちゃんのおなか時計は正確だねえ」

っていうけど、当然よ。おやつは一日のなかでも最重要案件のひとつですから。

ふだんはエリーのお膝には乗らないんだけど、おやつのときだけは別。

「おやつにしようか」

ってエリーがいつもの青い椅子にすわると、思わず素直な「ニャ」っていう返事が出ちゃって、お膝にジャンプ。

お膝でイイコイイコしてもらうのも楽しみのひとつなの。すぐにおやつ食べずにね。しばらく撫でてもらったり、耳やおでこをカミカミしてもらうんだ。もううっ

とりしちゃって、つい喉をグーグル鳴らしちゃう。

たくさんそうやってイイコしてもらってから、ようやくおやつが始まるの。

午前中のおやつは椅子の脇に置いてある二つの瓶の中に入っていて、エリーが「どっちにする?」って尋ねるから、当てずっぽうに「こっち」って蓋をポーでトントンと触ってお答えする。すると「じゃあ今日はこっちを食べようね」とその瓶の中のおやつをもらえることになるんだ。

エリーはおやつをひとつつまみ瓶から出して、こぶしに握り込むの。目の前に出されたそのこぶしをトントンと叩くと、はいどうぞ、って反対の手に出してくれる。食べ終わって、もっと欲しいから、またトントン、ってすると、またもらえる。手の中のおやつがなくなっちゃったってわかると、今度は瓶をトントンするんだ。

「おかわり欲しいのね?」

って聞かなくたってわかるでしょう? 欲しいに決まってるじゃん。

でまたトントンを繰り返しておやつが続行するってわけ。

ただ、おやつを食べてるといつも急に満腹感がおそってきてこれ以上いらなくなるので、突然おやつを終了して窓偵察に直行するわたし。ごちそうさまもナシ。エリーはまだこぶしの中に瓶から出したおやつが残ってるから、

「え~？　なによ~」

とか言ってるけど、それはねえ、わたしの知ったことではありませんので。いつも一人でブツブツ言いながら片付けてるみたい。

怖い顔

おやつは至福の時間。エリーのお膝の上で、向き合って食べます。とくに、トロトロのちゅ～るおやつは、もうおいしくっておいしくってイッキです。夢中で食べてると、エリーがいつも、

「ドレちゃん、お顔が怖いよ～」

って言うんだよね。そんな、おいしいもの食べてるときに顔のことなんか気にしてられませんって。

おともだちのマミーさんが遊びにきたときには、わたしがおやつを食べてるときの顔が怖くておもしろいんだよ、ってエリーがわざわざ話したの。余計なことなのにね。

で、おやつの時間になってわたしがおいしく夢中で食べてると、マミーさんもわたしの顔を覗き込んでね、二人で大笑いよ。

「ねね、この顔ってヨーダでしょ？」

ってエリーが言うと、

「あーっ、ホントホント」

とか言っちゃって、マミーさんなんて笑い転げながら動画を撮影するのよ。こっちは真剣に食べてるっていうのに二人ともゲラゲラ笑ってるんだから、失礼にもほどがあるわ。別に気にしてないもん。アイ・ドン・ケア。

怖い顔っていえば、わたしが熱心に毛繕いをしているときも、エリーは、

「ドレッティー、化け猫みたいな顔してるぞ～」

なんて言ってまた笑うの。背中を毛繕いするときはぐるっと首を回して大きな仕草になるんだけど、これを繰り返していると本当に気持ちいいのよね。そういうときにかぎって化け猫だなんて言うんだから。

自分で鏡見たことないからわからないけど、そんな怖い顔してるのかな。いいんだもん。怖い顔でけっこうよ。

呼ばれても

そっちの方にいるので名前を呼ぶと、「ニャニャン」と珍しくとってもいいお返事をしてタタタ―と走って来た。

が、途中で、

「しまった、素直に応じてしまった」

という顔をして、むっつりした表情になってもと来た方へ戻っていった気まぐれ猫。

こっちまで来てもらえなくて残念だったけど、おもしろかった。

♪ニャンニャンく

「ドレちゃ〜ん」と呼ばれ、
思わずしいお返事で
かけよって来そうになり、

途中でハッと気づいて
急に止まり、

かえっていっちゃう

期待には応えない

猫は段ボール箱に入るのが好き。床に紐で輪っかを作るとその中にすわる。紙袋が置いてあれば、必ず突っ込んでいく。

などなど、猫の面白くも可愛らしい行動を聞いたり読んだりして情報を得たエリーは、わたしも同じことをするのではと期待をしてたんだよね、最初のころは。段ボール箱をお部屋の真ん中に置いたり、紐を輪っかにして畳の上に置いたりして。設置がすむと、満面の笑みでわたしを呼ぶんだ。

およその猫はそういうこと好きかもしれないけど、わたしは興味がないの。輪っかにした紐って、なにそれ。段ボール箱だって、その中でくつろぐなんてとてもじゃないけどできないんだな。まったくわかってないんだから。

わかってないっていえば、わたし用のベッドをいくつ買ったことか。深い籐籠のとか、浅い竹籠もあったな。気合を入れて買ったなんて言ってたフェルトのドーム型のは、使わないってこっちは意思表示を散々しているのに、いまだにしまわずにお部屋に置いてあるの。

「匂いがイヤなの？」

なんて言って、一度は丸洗いしていたっけ。洗濯したって、その形が気に入らないんだから関係ないのに。それでもあきらめ切れないらしくって、時々、

「入ってごらん」

なんてわたしをそっと入れようとするけど、入らないんだってば。

おともだちのお姉さんから譲り受けたっていう「ネコチグラ」っていうのをある日お部屋に置いて、どう？　だって。こういうカゴの中にお籠りするのもたしかに心地いいのかもしれないけれど、わたしにはできないの。

エリーも最初はワラ細工のそのチグラってのを買おうとしていたけれど、どうもわたしがこのタイプのものを好まないことがわかったらしくて、買うのは諦めたみたい。そうそう、とっても高価なものだそうだから、無駄遣いになっちゃうもんね。買わなくてよかった。ってもうすでにずいぶん無駄遣いさせちゃってるけど。

ただ、自分でもよくわからないんだけど、どのベッドも、一回はしばらく入って確かめてみるのね。そのときはけっこうゆったりその中で過ごすので、エリーなんてよろこんじゃって、いっぱい写真撮るんだ。

「ドレちゃん、そのベッド気に入った?」

なんてまたキラキラしちゃって。こっちはお試ししてるだけなんですけどね。

まあ今のところ使っているのは、大きな丸い座布団形と、二階建てタワーのてっぺんについてる小さい丸ベッド。丸い座布団形のも、最初は気に入らなくてコンマ一秒しか乗らなかったけど、半年ぶりにエリーが出してきたのを使ってみたら、意外にいいのでね。これの上ではよく寝てます。

回覧板の手さげ

時々うちに届く回覧板。お花模様の布の手さげに入っているんだ。手さげの中には、地域のお知らせや印刷物など、いろんなものが入っているの。何軒ものおうちを回ってくるから、しかも長〜い間使われているから、この手さげはいろんな人やおうちの匂いがする。この匂いをかぐのが、わたしはだ〜い好き。

エリーが玄関からこの回覧板の手さげを持ってお部屋に入ってくると、もううれしくって。

「回覧板だー！」

とばかり、手さげのところへ飛んで行って、鼻をクンクン。とくにね、持ち手のところがたまらないの。

このごろは、エリーもわたしがこの手さげの匂いが好きなことがわかっていて、

「ドレちゃん回覧板だよ」

って言って持ち手のところをかがせてくれる。

でもエリーには魂胆があって、わたしがこの手さげの匂いをかいだあとの顔が見たいのよ。なぜだか知らないけどね、この匂いをかいだあと、わたしはお口が開いたままになっちゃうんだ。

「ドレちゃんお顔見せて〜」

なんて言っちゃって。失礼なんだから。

「よし出た、フレーメン」

なにそれ。わたしはなるべく顔を見られたくないので、下を向いたまま、でも手さげクンクンはやめられない。夢中になっていたら、いつの間にか手さげは椅子の上に置かれていて、わたしも椅子の上でぽわーっと口を開けててね。エリーときたら、わざわざ椅子の下の床に寝転んで、わたしの顔を見上げてよろこんでるの。まったくどうかと思います。

でもやっぱり、回覧板の手さげの匂いは最高に魅惑的。次に回ってくるのはいつかなあ。

わたしの寝場所

わたしが寝るのはエリーのお布団。とはいえお布団の中じゃなくて、まず最初は掛け布団の上に寝るんだ。とくに好きなのが、エリーの脚の間。左右両側から囲まれて安心なの。どっちかのお膝を枕にして。わたしがお布団に乗ると、エリーがうまい具合に掛け布団に窪みを作ってくれるから、そこにすっぽりおさまって眠る。

わたしが脚の間に寝てると、エリーは寝返りを打つのが大変みたい。よっこらしょと膝を胸の方まで上げて大きく曲げたりと、わたしに影響のないようにしてるらしいけど。ご面倒おかけします。ただ、このごろはほとんど寝返り打たずにグーグー寝てるけどね。

しばらく掛け布団の上で寝て、夜明け近くになったらいったんちょっと起きます。寝室を出てお台所へ行って残ってるごはん食べたり、トイレしたり、屋根裏部屋へ行って、ひと回りしたら寝室に戻るのね。

で、今度はお布団の中へ。そっち行きますよ〜って、眠ってるエリーを起こして伝えるために、障子の桟をトントントン、って叩いたり、爪とぎベッドをガリガリーッてやったりする。そうするとエリーが起き上がって掛け布団をめくって、

「はいはい、どうぞ」

って言ってくれるので、走って行ってあったかいお布団の上にジャンプ。

でもときどきそうやって音を立ててるのに、誰かさんは起きないときがある。あれは絶対わかっているのに寝たふりしてるんだよね。起き上がりたくないから、知らん顔してるんじゃないかと思うんだけど。

そういうときは枕元まで行って、エリーの頭や鼻やほっぺたをポイポイっとタップして起こすの。そうするとようやく、

「ああ、ドレちゃんお布団に入るのね」

とか今起きたようなふりしてるけど、知ってるんだから。さっきまで寝たふりしてたことを。エリーは、わたしにほっぺたをポイポイしてもらいたくって、寝たふりしてほっぺたをお布団から目立つように出して待ってるらしいんだけど、寝たふ

りしてる間に本当に寝ちゃうみたい。いい気なもんだよね。

エリーの隣で一緒にお布団に入って寝るのもいいんだな。まずあったかいしね。エリーが手をお椀（わん）のように置いてくれるから、ここに頭を乗せて寝るのが安心でいちばん好き。両ポーでエリーの手首を挟んでいると、さらに落ち着く。

これで、明るくなるまで二人でグースカ寝るってわけです。

眠り猫

エリーがわたしをスケッチするのは、たいていわたしが眠っているとき。起きてるときは動くから、ゆっくり描いていられないものね。たしかに、起きているときのわたしを描いた絵は、もうほとんど一筆書きみたいな簡単なものばかり。

そうか、わたしってこんなふうに眠ってるんだ。自分で眠っているときの姿は見られないもんなあ。

眠り猫といえば、日光東照宮の眠り猫が有名ですね。牡丹(ぼたん)の花に囲まれて、白黒ブチの猫が眠っている彫刻。あれは、作者の左甚五郎さんがモデルの猫に尋ねたんですって。

「おい、オマエが眠いのはどんな季節だ?」

答えてブチ猫、

「牡丹の花の季節が眠いニャン」

と。それであの名作が世に生まれたのだそう。

って噺家の古今亭志ん生師匠が話していましたけど、ホントかな？

もうひとつ、眠る猫の名作は、長谷川潾二郎による油絵作品「猫」。キジ猫のタローが、赤い敷物の上で心地良さそうに眠っているあの作品ね。片方の髭が描かれてないことでも有名だけど、エリーはこの絵を見たくてわざわざセンダイってところにある美術館まで出かけて行ったんだって。

もう片方の髭を描けば完成ってところまできたこの絵は、なかなかタローが同じポーズで寝てくれないので長谷川さんは描くことができず、とうとう髭が描かれないままタローは天国に行ってしまったんだそう。

エリーが描いたわたしの眠り猫姿には、髭を描いてもらっているかしら。よくたしかめなくっちゃ。

突然こっちへやってきて
頭を押しつけたと思ったら
くるりと丸くなって
腕枕でねてしまった

香箱ドレ

ねてるドレリン

ひざの上で眠る
ドレミん
がマ椅子の上でねるドレッティ

ショッパーで遊んで
壁に激突したあと、
腰が抜けて
椅子でねてるドレっち

わたしのトイレ

わたしのトイレは、白いホウロウの桶(おけ)です。気に入ってます。小さいときからずっとこれ。わたしの体が大きくなってきたころ、

「これじゃ小さいから、大きいのにしようか」

って、勝手にプラスチックの大きなのに換えられたときは、断固抗議しました。そのトイレは気に入らなかったので、一回たりとも使いませんでした。エリーもわたしの頑固さに呆れて、また元のホウロウのに戻してくれた。これでなきゃトイレはできません。

ホウロウの桶はいい音がするの。トイレ砂を使うときもね、サラサラ、ザザッて。重いから安定していて、使うときにも安心なんだ。

エリーが月に一回、庭できれいに洗ってる。ちょうど窓の下で作業してるから、きちんと洗ってるかどうか、部屋の中からじっくり見張ることにしているの。

「しっかり洗っとけー」

ってね。そのあとお日様に干して日光消毒。

まあそんなわけで、わたしのトイレはいつもツルピカでさっぱりしてる。ホウロウのトイレは一生ものよ。

メインクーン

猫を飼うようになってから、猫の本などよく見るようになった。知らなかった猫種もだいぶ知った。大きさ、体型、顔面、毛の色、毛の長さ、毛の量などなど、そのバラエティの幅広いこと。いろいろな猫がいるものだとあらためて驚いた。

メインクーンという猫種の名前など、耳にしたこともなかったが、なかなかいい猫だ。同居を始めたＭＩＸ猫も、メインクーンの特徴のいくつかを有している様子。ちょいと混ざっているのかな。

◎メインクーンの特徴

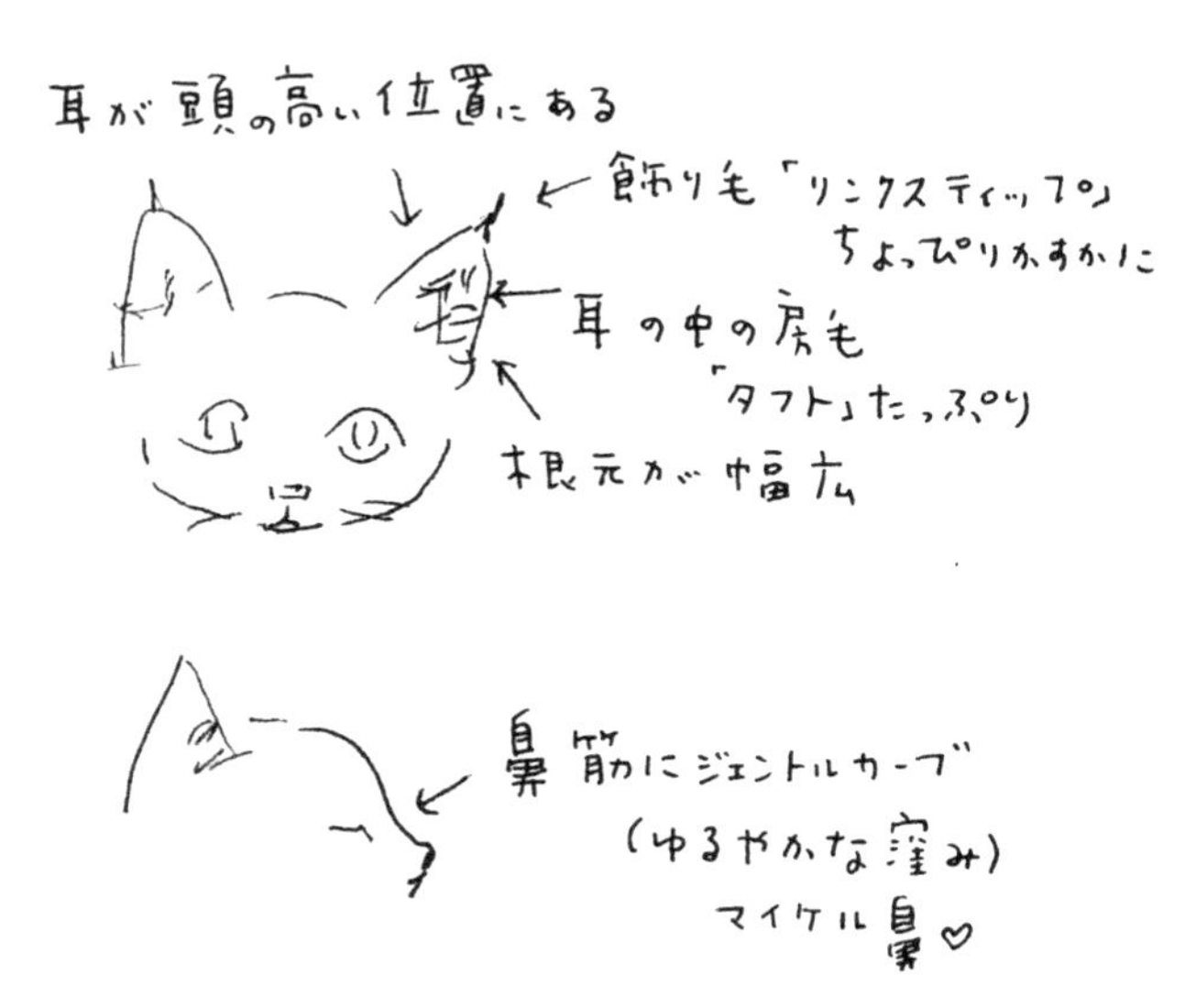

耳が頭の高い位置にある
飾り毛「リンクスティップ」
ちょっぴりかすかに
耳の中の房毛
「タフト」たっぷり
根元が幅広
鼻筋にジェントルカーブ
(ゆるやかな窪み)
マイケル鼻♡

お引っ越し

お引っ越しをしたのは、エリーのところにきてから一年後のことでした。ようやく慣れたおうちだったけど、今度はもっと山のほうにあるおうちへ移動です。

エリーのお兄ちゃんの車で新しいおうちへ送ってもらいました。お兄ちゃんには、それまでにも何度か会ったことがあった。わたしがエリーのところへきてからすぐに、どれどれってわたしを見にきてくれたんだよね。

車には三時間くらい乗っていたかな。乗っている間、ときどき外が真っ暗になるのがこわくて、そのたびに「こわいよ~」って鳴いてたの。

「トンネルがこわいみたいね」

とエリーとお兄ちゃんは話していたけど、あの暗いのはトンネルってものなのか。真っ暗になってこわいトンネルなんてなくてもいいのに。

ようやく着いたおうちは、草や木に囲まれてた。ぜんぜん知らない場所。

「これからここで暮らしていくんだよ」

って言われて、ふーん、そうなのかって。

着いたらさっそく家中の調査を開始です。あっちのお部屋にこっちのお部屋。廊下にお風呂にトイレにと、おうちの中をくまなく調べて、まあ、ウドゥント・イット・ビー・ナイス、素敵じゃないか？　ってOKを出しました。おもしろいのは、ハシゴと、下のお部屋を見下ろせる屋根裏部屋があるところ。窓もいっぱいあるから巡回が忙しそうだけど、張り切ってやるわ。

生まれた場所からずいぶん遠くへきちゃったけれど、まあこれからはここがわたしの住む家だってことで。

お客さん

ビビリのわたしは苦手なものがたくさんあるけれど、なかでも苦手なのがお客さん。ふだんはエリーとわたしと二人きりなのに、誰か知らない人が家の中に入ってくるんだから。これは大事件です。

お客さんがくると、エリーは玄関の外までお客さんを迎えに出て行くの。「わ〜」とか「いらっしゃい」なんて声が聞こえると、あ、これはうちに上がってくるなってわかるから、さっさと屋根裏に避難。気配を消して静かにしてる。静かにしてるうちに、実際に眠くなって寝ちゃうんだけどね、いつも。

でも、あんまり長くいられると、お水も飲みたいし、トイレもしたくなってくるから、そーっと降りていくんだ。屋根裏から降りていくハシゴはお客さんの背中側だから、音を立てずに降りればお客さんには気づかれない。ただ、エリーの席からは真正面だからバレバレなんだけど。まあお客さんとお話ししてるし、エリーはわたしが上から降りてきたことをわざわざお客さんに話したりしないのね。

気付かれないようにお水飲んで、大丈夫そうだなってなったら、一応窓巡回もして。そうすると、お客さんもわたしが降りてきてることに気づいて、

「あらー、ドレミちゃん」

なんて言ってくれるけど、恥ずかしいから、無視。エリーが気を揉んで、

「ドレちゃん、お客さんにご挨拶は？」

とか言ってるけど、別にわたしのお客さんじゃないもん。

何度も何度もくる人は、顔を覚えちゃったから怖くないし、その人が来たときは隠れない。家の中や設備のメンテナンスをしてくれる静かな人で、だからわたしも普通にしていられるの。でも、今のところこの人だけかな。他のお客さんはまだ怖くてダメ。まず最初は隠れて様子を見るんだ。

何がイヤかって、

「ちょっとでも顔を見せて」

なんて言われて、見世物みたいにされるときよ。エリーが屋根裏まで昇ってきて、

わたしを抱いて屋根裏の手すり越しに、下にいるお客さんにこんにちはさせようとするの。お客さんはわたしの顔を見て、

「ドレミちゃん、こんにちは」

なんて手を振ってくれるんだけど、わたしはドキドキ。すぐにエリーの手をふりほどいて屋根裏部屋に置いてある机の下に隠れるんだ。

まあそれ以上のことは起こらないけれど、とにかくお客さんが来ている間は、緊張がつづく。だから、お客さんが帰ると心からホッとするんだ。屋根裏に隠れていたときはすぐにハシゴを降りていつもの丸い座布団に横になる。エリーも、お客さんを送って部屋に戻ってくると、

「ドレちゃん、お疲れさま」

っておやつをくれるよ。

でもたまにお客さんを送ってそのままエリーも出かけちゃったりすることがあって、こういうときは本当に頭にくるけれど。帰ってきたときには、おやつをいつもの二回分もらわなくっちゃ。

雪

寒い日には、ときどき白いものが降ってきて、みるみる外が真っ白になることがあるの。わたしにとってはこれがとっても怖い。もうね、普通に歩けなくなっちゃう。エリーはそんなわたしを見て、

「ドレちゃん、また腰が抜けちゃったの？」

なんて言うけれど。そんなに呑気にしている場合じゃないのよ、こっちは。

外が白くなってくると、もういつもの窓の偵察なんてしていられない。なるべく外が見えないところに丸くなって静かにしてる。それでも耐えられないときは、エリーに頼んで押し入れに入れてもらうの。わたしが、外が白くなると怖いってことをエリーもようやくこのごろわかったみたいで、押し入れの前に行って「ニャン」、と鳴くと「あー、はいはい」って感じで戸を開けてくれる。上の段の、お布団が重なっているてっぺんに飛び乗って、いちばん奥に入って寝るんだ。これで安心。外

の白いのも見えないし。

外が白いのは、「ユキ」っていうそうだけど、前はそんな怖くなかったのね。エリーに連れて行ってもらって、ユキの中を散歩したこともあったくらい。白いところに飛び込んでも飛び込んでも、フカフカしていておもしろかった。

じゃあどうして怖くなったのかな、って考えると、エリーが言うには、去年の夏に大きな雷が鳴って以来じゃないかってことで。

たしかにね、すごい雷が鳴ったんだ。ゴロゴロピカッなんてものじゃなくて、ガラガラドド〜ンバリバリピシャゴロドッカーンてね、もう雷の十連発みたいなすごい音だったの。あんまり大きな雷だったから、町内でも次の日に話題になったんだそう。エリーもびっくりしてたけど、わたしはその瞬間背中が伸びきって、足が動かなくなっちゃったんだよね。歩こうとしても体が持ち上がらなくて、赤ちゃんのハイハイみたいにしか動けない。本当に怖かったの。やっぱりしばらくお部屋の隅でじっとしてた。

それからこっち、わたしは外の変わった様子が怖くなっちゃったみたい。もう、

雪なんてチョーコワい。いつもはいろんな色をしている景色が、全部真っ白なんておかしいもん。エリーは、

「マシュマロ・ワールドできれいだね」

なんてまたうれしそうにしてるけど、冗談じゃない。

今日の雪はまだまだ消えそうにない感じ。もうしばらくは押し入れに入ってないとね。あったかになる春が待ち遠しいな。

瞳でアッピール

　遊びたいとき、怒っているとき、なでてもらいたいとき、とにかくかまってもらいたくなると、パキッと目で訴えてくる。正面でみつめられると、こちらにはなんら落ち度がないのに、ついたじろぐほど。従順になって、うっかりなんでも言うことをきいてしまいそうになる。

ニャア〜

こっちを
真正面みつめ
する

お布団をたたんでいるとき。

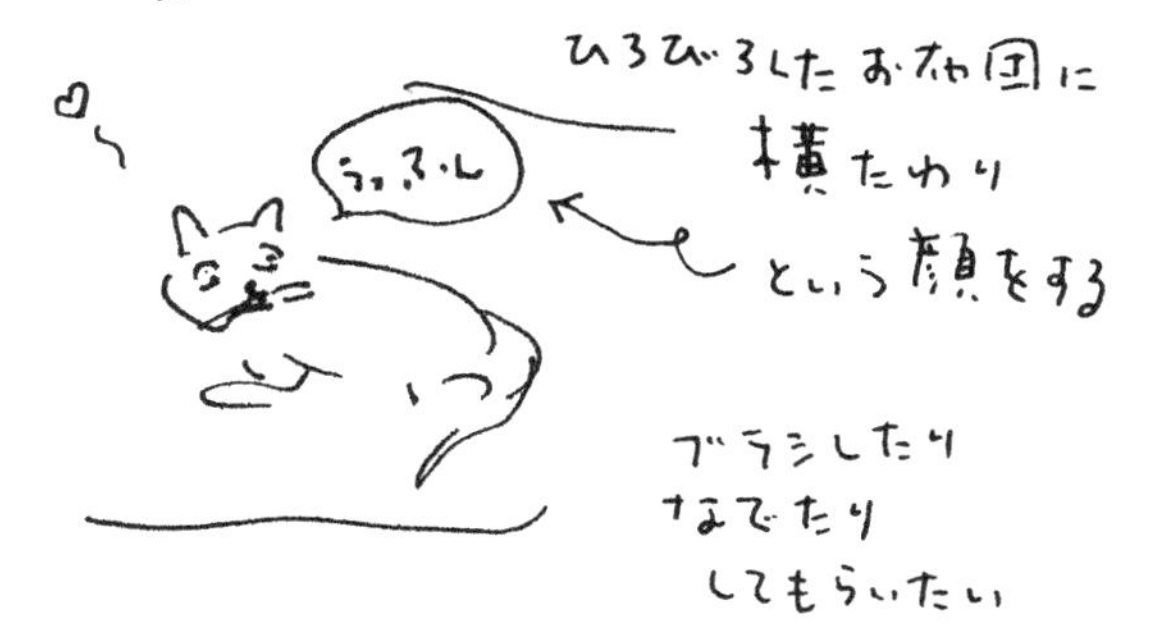

オイ

ちょいとゴミを
捨てに行って
戻ってくると、
玄関にすわって
オコッている

エレガントな足取りで

キャットウォークってあるじゃない？　劇場の舞台の上の方なんかにある、細い作業用の通路。猫は本当に、ああいう高くて細い通路が大好きなのよね。今はペット用品でも、お部屋の中に設置する、まさに猫用のキャットウォークがあるんだって。知らなかったなあ。うちにはそんなぜいたくなペット用品なんていっさいありませんので、あるもので代用してますけど。

で、わたしのキャットウォークは屋根裏部屋の柵。一階の床からの高さは三メートルくらい、幅が十五センチでちょうどいいの。このおうちに引っ越して来ていちばん気に入ったのが、この屋根裏部屋の柵と、屋根裏部屋へ行くためのハシゴ。ハシゴなんて、ものの二秒でダダッと上まで昇っちゃうんだから。

でも、初めてこの屋根裏の柵に乗って歩いたとき、下から見ていたエリーが驚いたこと。たしかに高くって、危なそうに見えるよね。息を飲んじゃって、びっくりしすぎたのか声も出さないの。屋根裏部屋はL字形になっていて、柵も直角に曲がっているのね。その角には柱があって進めないので、角をヒョイッと跨いだら、下からはわたしの白いおナカが見えたみたい。さらにエリーは血の気が引いた様子で、

「ドレちゃん、気をつけてよ。落ちたら大変なんだから」

なに言ってんの？ こんなことで落ちませんって。見てよ、このエレガントな足取りを。これぞ自慢のクール・ストラッティング。

このごろはエリーもようやく慣れたみたいで、わたしが柵にすわってじっと見下ろしてても、ハシゴを駆け上がっても、平気な顔してますけどね。

プレイ

退屈して遊びたくなったときは、背中をチョー猫背に高くしてトトトッと歩いてアッピール。最初はこのポーズと動きを見てびっくりしていたエリーだけど、このごろはようやくわかったみたい。

「プレイなの？」

って聞かれると、

「ッタリメェよ！」

と反応してすぐに待機姿勢をとるわたし。

プレイで好きなのは、棒の先についた赤い紐を追いかけるのと、飛んでった輪ゴムをとってきて戻る「とってこい」。

でも、エリーはほんとヘタクソでさ。棒を振って紐をヒョロヒョロ動かしてるとだんだん紐が棒に絡まって全然遊べなくなったり、指鉄砲で輪ゴムを遠くに飛ばすつもりが自分の顔にはじいて痛がったり。小さなボールを投げるのも下手だよね。もっと遠くに投げてくれればいいのに、自分の目の前の床に叩きつけちゃうんだから。自分でも下手なのがわかってるらしくって、「イカンイカン」とか言ってるけど、せめてもう少し上手くなってほしい。こっちはお尻フリフリして待ち構えてるんだから。ガクッときちゃうんだ、そのたびに。

棒の先についた赤い紐は、絹の細引きでなめらかなの。ほかの紐のおもちゃも買ってきてくれるけど、やっぱりこの赤い紐が一番好き。紐が絡まったり外れたりしたときは、エリーは一生懸命直してくれる。こういうときは、直してくれてるのがわかるから、わたしも大人しくとなりにすわって待ってるんだ。邪魔すると、直るのも遅くなるしね。エリーは押し入れの中にこの赤い紐をたっくさん隠してるの、わたしは知ってるんだ。

赤い紐だけにジャレつくのも好きだけど、エリーは紐の先にいろんなものをつけてくれる。それもまた気分が変わって興奮するわ。大きな鈴とか、アミアミのボールとか。ぬいぐるみのネズミさんや、シリコンゴムのキリンさんをくっつけてもらって遊んだこともある。でも、自然のものの方がなぜだか気分が盛り上がるの。松葉の束とか、松ぼっくりとか。ただの木の枝もいいな。つかまえたら夢中でガリガリかじっちゃう。

輪ゴムはね、飛ばしてもらうととりに行ってエリーのところに返して、また飛ばしてもらって、っていうのをやってたのね。得意だったの、「とってこい」が。エリーは、輪ゴムをくわえて正面切って走ってくる姿が可愛いなんて言って、「あんたは天才」とか褒めそやしてよろこんでたけど、わたしがあまりにも輪ゴムが好きすぎて、ポキポキ嚙みちぎってるのを見て、それ以来輪ゴムを使うのはやめちゃった。わたしが輪ゴムを食べたら大変と思ったみたい。食べないからまた輪ゴム飛ばしてほしいけど、もう無理かな。

かわりに、プラスチックのドーナッツみたいのや、小さな道具でプロペラをぶん回して飛ばすのとか、やってくれる。

あと、黄色い小鳥さんがパタパタ翼を動かして飛ぶおもちゃもあって、これは最高だった。エリーがゴムをグルグルに巻いて、「行くよー!」って言って小鳥さんを飛ばすと、わたしは一目散に追いかけて部屋の向こうまで走っていくの。ただ、エリーはこれで遊ぶと部屋のあっちとこっちを果てしなく往復しなければならなくて、疲れるーって言ってた。

でもある日、あんまり興奮しすぎて小鳥さんの上に飛び乗っちゃったのね、わたし。そうしたら、翼が根元から折れて、二度と小鳥さんは飛べなくなっちゃったんだ。残念だったなあ。また小鳥さん買ってくれないかな、エリー。

たかいたかい

抱っこは遠慮したいけど、「たかいたかい」してもらうのはけっこう好き。

「たかいたか〜い」

って、三回繰り返してもらうの。ポンと宙に浮かぶ一瞬がおもしろいんだ。エリーを見下ろすのが何よりいい気分。たかいたかいが終わって床に下ろしてもらったあとは、エリーの足にまとわりついてアンコールを頼むんだけど、なぜかしてくれない。三回で十分、ってことなのかな。

たかいたかいのほかには、「振り子」と「ブランコ」も好き。振り子は、脇の下を持ってもらって、左右にブラブラ振ってもらうの。体が伸びて気持ちいいの。ブランコは前後に揺らしてもらう。これもいいストレッチなんだ。

どれもたまにしてもらうと、あ〜楽しかった、って感じ。たまにしかしてもらえないのがちょっと残念なんだけど。

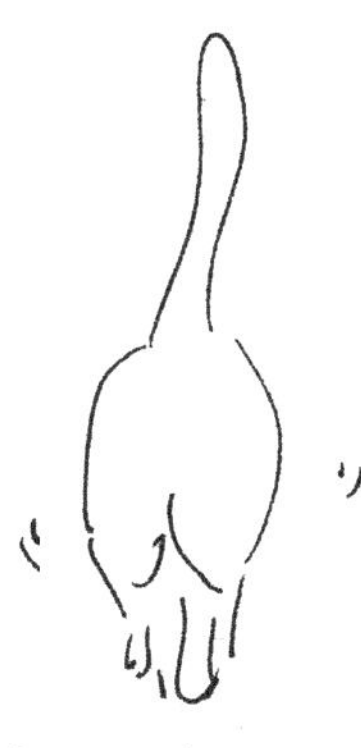

うしろ姿の
カルソン風が
かわいい〜

猫激突

おもちゃやリボンや大好きな輪ゴムで遊んでいると、壁や窓やその他家具家電などに飽くなき激突を繰り返す。

激突しても特段痛がる様子もなく、ケロリとしているのでぶつかるに任せておけばいいか。

押し入れの中で、
青ネズミさんを
追いかけて、
壁にゴツッ！

輪ゴムを取りに
行って、
勢いあまり、
壁に激突して
でんぐり返り

この間も遊んでいたら…

トンッ！と
ちゅめとぎベッドに
勢いよくのったら

勢いで
ベッドがスライドして、
TV台に
おでこをゴツッと
ぶつけてた

おかしすぎて、
かくれて笑った

京壁のキズ

ずっとバレてないと思ってたんだけど。

このあいだ、普通に畳のお部屋で一緒にゴロゴロしながらボブ・ディランの『血の轍（わだち）』だったかな、聴いていたときのこと。突然エリーが尋ねてきたんだよね。

「ドレちゃん、この壁のキズはなに？」

ドキッとした〜。

「この、三本揃ってギーッってなってるこのキズって、ドレちゃんがつけたの？」

まあ、ほかの可能性はほぼないもんね。

「よく見るとさあ、何本も何本も、ドレちゃんの三本揃いのお爪のあとがついてるんだよね」

バレてたか。

「オカやんがいるとき、ドレちゃんこんなこと一度もしてないでしょ」

でた、「オカやん」。エリーが自分をオカやんって言うときは、ちょっとこわいんだ。お説教始まるかな。

そりゃね、現場見られたら、アッとか言われるだろうから、してないよ。

「お留守番のときに、したのね」

まあそういうことになります。

「このキズなんてさあ、相当な力はいってたね」

ギギーッて長く、そして深くついてるキズを指差して、エリーが静かに言うんだ。申し開きはできませんが、一人でいるとね、たまに盛り上がっちゃうのよ。止める人が誰もいないこともあって。

わーって楽しくなっちゃって、お部屋じゅう走り回って、この壁にたどり着いてガリガリーッて。この京壁ってザラザラしていて、爪を立てると程よい抵抗で削れていく感じが気持ちいいんだなあ。お窓の下だから、高さもちょうどよくって。ガリガリ、ギギーッ、ああ快感ーってね、そんな具合になったわけなんです。

お留守番のときの、唯一のストレス発散といいますか。ほかの壁や障子や家具なんかには、ガリガリしたことないんですから、どうか大目に見てほしい。

エリーまだなにか言うかなあ、マズいなー、今はひとつ屋根裏に逃げておくかと思ってそーっと歩き出したら、エリーも立ち上がって、まったく、とか言いながら自分とわたしの分のおやつを取りに台所へ行ったみたい。

ひー、今日のところは助かったニャン。

キーボード

テーブルの上にはいつもMacBook Proが置いてあって、このキーボードの寝心地はなかなか。寝ないにしても、ここで香箱になってるのはなんか落ち着くのね。画面が屏風のように立ち上がってるから、要塞に隠れてる気分。

香箱になってると、どのキーを押さえてるのかわからないけど、「ぽぽぽぽぽぽぽぽぽぽぽ」とか「ドッドドッドドドドドドドドド」とか音がして面白いのよ。

たいていエリーは「やめてー」って言ってわたしをキーボードの上からどかせる。失礼なんだから。せっかくリラックスしてるのに。押し退けられようと追い払われようと、隙を見てまたキーボードの上に参上するわたし。だって、本当にここは心地いいの。

わたしがキーボードでリラックスしたあと、いつもエリーはわたしがキーを押して打ち出した文字を一生懸命消してる様子。そのうちの何度かは消すのにけっこう大変なことになって、誰かに電話して消す方法を教えてもらっていたっけ。文字を打っただけじゃなくて、もっと重要なキーを押しちゃったみたいなんだよね。ふふ。

「ホントにもう」

なんて言ってたけど、わたしには関係ないもん。

エリーがキーボードでお仕事しているときはその上に寝られないから、わざと踏んづけて通り過ぎるの。「あっ」とか言って怒ってるけど、知らないもんね。

だけど、ごくたまに、エリーが文章を打っている最中にむりやり割り込んでわたしが打った文字を、そのまま「これはドレからのメッセージなんダス」なんておともだちのヒロリーさんに送ったりもしてるんだから、どういうつもりかしら？　わたしの打った文字は、難解な上に実は意味ナシ。ヒロリーさんも付き合いきれないんじゃない？　エリーに代わってお詫び申します。

テンブクロ

きのう、エリーがいつもは開けない戸を開けて何かしてたの。もう、すごく気になってね。

何してるの？　何してるの？　何してるの？

ってずっと聞いてた。大きな脚立に乗っちゃって、上の、天井のすぐ下の戸棚を開けて荷物を出し入れしてるんだ。

「テンブクロっていうんだよ、ここは」

そうなんだ。知らなかった。そんなところが物入れになっているのね。

「ドレちゃん気になるの？」

って言って、ちょっと高い椅子を持ってきて、エリーが乗ってる脚立の隣に置いてすわらせてくれた。でもさ、こんな椅子じゃなんにもならないじゃない。テンブクロにぜんぜん届かないんだから。なんかバカにされた気分。相変わらずエリーは脚立に乗って、テンブクロの中の箱を出してはなにか調べてる。だから、何やってるの？　もう死ぬほど気になる。

ニャーニャーニャーニャーニャーニャーニャーニャー。

次の瞬間、もう我慢できなくなって、その椅子からフスマを駆け上がってテンブクロまで登っちゃったわよ。びっくりしたのはエリーね。

「ひゃー。ドレッティー、こんな高いところまで登ってきちゃったの？」

見たいものがあるから登ってみたわけサ。エイント・ノー・マウンテン・ハイ・イナッフよ。そんなに見たいんならって、エリーが抱っこしてさんざん右とか左とか奥の方までテンブクロの中を見せてくれた。いろんな箱やケースがいっぱい。で、見せてもらったらすっかり気がすんでね。床に下ろしてもらったとたんにテンブクロには興味を失ったので、お台所の方へ行ってゴロゴロしてた。

エリーは、

「邪魔してまったくもう」

とか言ってたけど。

小鳥狙い

窓の外の小鳥を飽かず眺めている。お尻フリフリしておかしな声を出して。

すばやく窓ガラスに張り付いたかと思ったら、すぐそばに来たメジロを威嚇。

小鳥さんが来ると、
飽かず眺める。
「ケケケッ」
と鳴いて

外を飛ぶ
鳥を見ている

おしり
ふりふり

しっぽ
ニョロニョロ

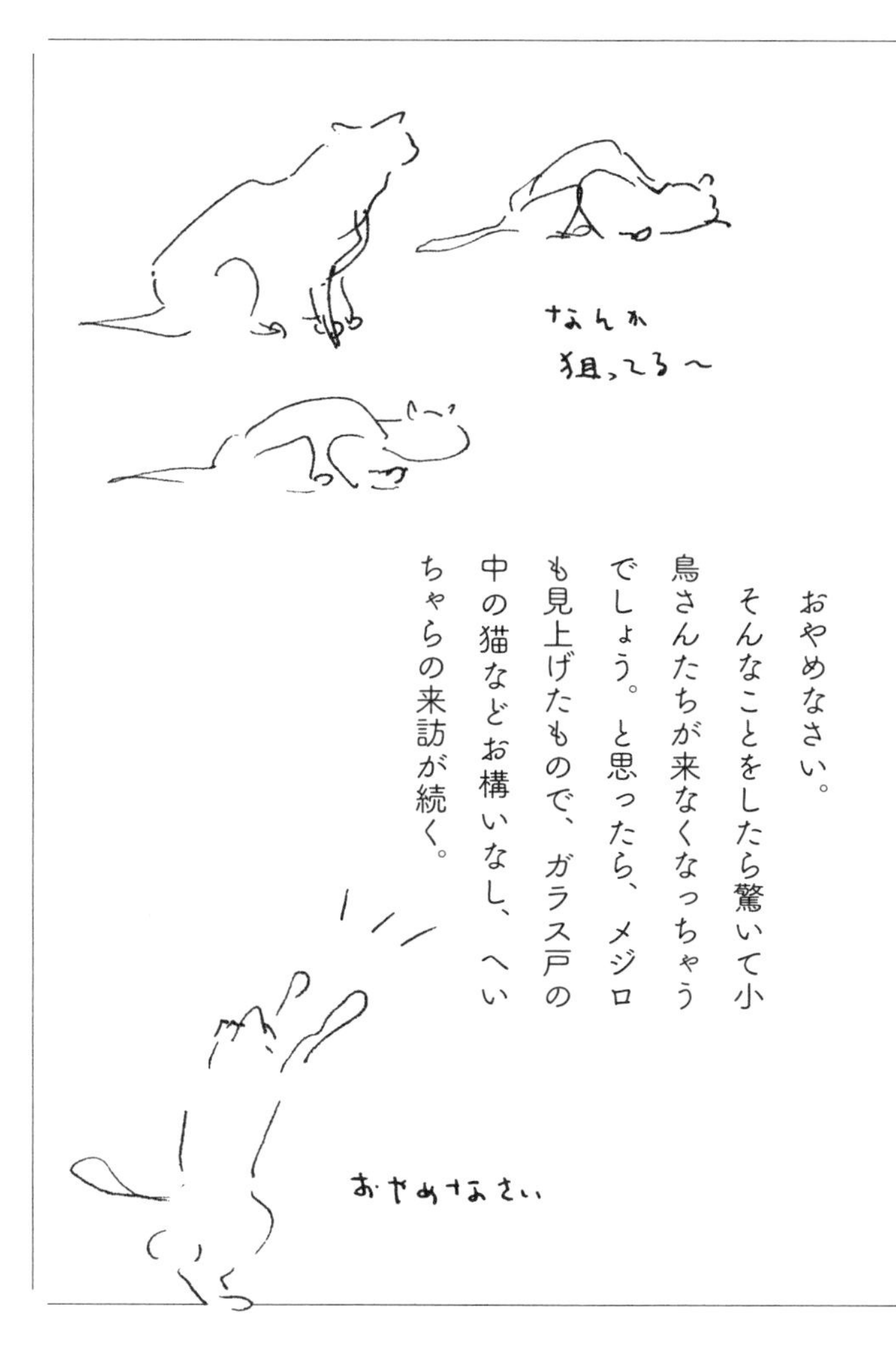

おやめなさい。

そんなことをしたら驚いて小鳥さんたちが来なくなっちゃうでしょう。と思ったら、メジロも見上げたもので、ガラス戸の中の猫などお構いなし、へいちゃらの来訪が続く。

脱走

それまでにも、いろんな猫の訪問は受けてたんだ。よその猫がうちの庭やベランダに来るなんて、どちらにしたって気に入らない。誰の許しを得て？　って感じ。よその猫が来るたびに、まったくもう、って気分になってむやみに部屋の中を走り回ってた。尻尾はブラシみたいに太くなっちゃうし、いつものわたしはかわいい声なのに、妙に低い声になっちゃうし。落ち着かなくって本当にいや。

大きな黒い猫は何度もきていて、ベランダにまで上がってきて、ガラス戸のすぐ外でわたしをじーっと見てね。ガラスの向こうからわたしになんか言ってくるの。真っ黒だし体も声も大きいからすごく怖い。黒猫さんがきたら、エリーや物陰に隠れてるんだけど、頓着のないエリーは、

「黒猫さんはドレちゃんのことが好きなんじゃないの？　こんにちは、って言えば？」

なんて呑気にいうけど、おあいにく様。わたしはおともだちになる気はありませんから。

ほかにも、黙っていつまでもベランダにすわってこっちを見てる三毛猫や、目をショボショボさせた、鼻の詰まった茶虎もよくきてたっけ。わたしとしては全員排除。すべて無視。エリーがいちいち訪問猫に声をかけるのも気に食わなかった。猫ならわたしだけを見てればいいのに。

で、その日は見たことのない小さい猫がきたんだ。白っぽい茶虎でね。わたしは部屋の奥の方から見ていて、こいつには「勝てる」って思った。それに、もうこれ以上猫がベランダにやってくるのも耐えられなかったし。ひとつやっつけちゃえ、って気分になったんだ。

ベランダの、階段のてっぺんのところまで昇ってきたところで、エリーがその猫に「あらチビちゃん、いらっしゃい……」とかなんとか言いながらベランダに出るガラス戸を小さく開けたのね。多分鳥の餌を交換しに出ようとしたんだと思う。

わたしはそのチャンスを逃さなかった。猛ダッシュでガラス戸の小さな隙間をすり抜け、そのチビ猫に挑みかかって行ったの。その間一秒か二秒ね。そのままわたしとチビ猫は、ギャオー、ニャオーと咆哮しながら団子状になってもつれあいながら庭を走り抜けて前のおうちの敷地に入ってさらに先へかっ飛んでいったの。エリーにしてみればビックリもいいところなんだろうけど。あっという間にわたしが目の前から消えちゃったんだから。

まあチビ猫はすぐにどっか行っちゃって、そのあとわたしは初めての外の世界をしばらく楽しんだってわけ。そこらじゅう草むらだから、遊び放題よ。体じゅうの筋肉を使って全速力で走るのが気持よくって。ビュンビュン走った。

その間のエリーの気持ちを思うとね、ちょっと気の毒だけど。わたしが飛び出して行ったあと、エリーは途方にくれて、しばらく茫然としていたらしい。そのときに、窓の外遠くを疾走してるわたしの姿も見たそうだけど。あんなに突っ走ってたら捕まえようがない、と思ったのかもね。それでもこうしてはいられないと、長靴を履いてわたしを捜索しに出たんだって。

「ドレちゃん、ドレちゃん」

って呼びながら歩き回って、林の向こうまで行って、近所のおうちの、お外に出ていたご婦人にも「猫を見ませんでしたか?」って聞いたりしたらしいけど。エリーったら、このへんにはいろんな猫が何匹もウロチョロしてるんだから、その聞き方じゃあ何の参考にもならないでしょうが。当然ながら、「このへんは猫がたくさんいるから」というご婦人からの返答だったみたい。

公民館のところへも、わたしの名前を呼びながら歩き回っていたら、公民館のお座敷でお茶会をしている方たちがいてびっくりされたりもしたみたいで。こっちに引っ越してからひと月もしていないころだったから、地域の人にもまだ顔見知りはあんまりいなかったのよね。

だんだん泣けてきながら一時間くらい歩き回っていたけど、一向にわたしは見つからない。これではいかんと思ったエリーは、家に帰って「猫を探しています」のお訊ね札を作ることにした。

泣きながらも、MacBook Proの中にあるわたしの写真を選んで、割り付けをしたんだそうよ。

猫を探しています

10月20日（金）の朝9時過ぎに家を飛び出しました。
お見かけになった方は、どうぞお知らせくださいませ。

電話　◯◯◯　◯◯◯◯　◯◯◯◯　平野

・名前　ドレミ
・色　キジ白
・メス　一歳
・赤白の首輪をして、名札をつけています。
・とてもこわがりです。

約一時間かけて猫のお訊ね札ができあがって、窓際のプリンターでプリントを始めたところ。エリーが耳にしたのは、

「ニャ〜」

というわたしの鳴き声。

窓の外を見たエリーが見つけたのは、お留守にしているお隣の別荘のベランダの柵から顔を出して鳴いているわたしの姿だったのね。

即刻プリントを中止して、長靴を履いて家からまろび出てきたエリーは、でも慌てていないフリをして、ゆっくりこっちに歩いてきた。

「ドレちゃん」

なあんて落ち着いた声出しちゃって。ほんとは焦ってドキドキしていたくせに。

もう一回ダッシュして遠くへ行ってみようかと思ったけど、なんか疲れたし、そろそろおうちに帰ってもいいかな、とも思ったので、しゃがんで待ってるエリーの方へソロリと近づいて行ったのね。

近づいてエリーの膝にすりすりしたら、それまでゆったりしていたエリーが突然

素早く動いてわたしをガシッて抱き上げたんだ。なんだ、のんびりしたフリしてたんだな、やっぱり。

あとはもうギッチリ抱えられておうちまで連行。玄関に入ってドアを閉めて鍵までかけちゃって。しかるのちようやくわたしは床にそっと下ろされた。

さんざん外を駆け回ったから、おなかや脚に小さな草の実がびっしりついていて、そのうえ露でぬれて、足には土がついて、エリーが「あ〜」とかなんとか言いながら、ぬれ雑巾で拭いてくれたっけ。

このあと、エリーはコイン型の電波探知機みたいのを買って、わたしの首輪につけたりしてた。小さなリモコンで探査をすると、わたしの首についてるコインがピロロッと鳴るの。わたしの脱走があまりにもショックだったんだろうな。探知機は大して邪魔とも思わなかったけど、しばらくすると外してた。

そのうえ、首輪も外して、今はなにも着けてないの。首になにもつけないってのは、リリーさんから教えてもらったのもあったみたい。首輪がついていることで怪我の元になることもあるから、リリーさんは猫の首にはなにもつけないんだそう。

「イセタン」で買ってきたのよ、とエリーが言ってた赤白の組紐ゴムでできた首輪はなかなかわたしに似合ってたみたいだけど。首輪についてた名札だって、さんざん形や素材や文字の形なんかを選んで注文したものだったのにね。こちらとしてはすっきりってところ。

それにしても、一人で外に出たあの二時間は、本当に「あ〜おもしろかった」って感じだった。チャンスがあったらあともう一回くらいお出かけしてみたいな。エリーが悲しむから、しばらくは我慢しようとは思うけど。また近所の猫がやってきたときを狙うとするか。

プリンセス天功事件

その事件は、このおうちに引っ越してきてからわりとすぐのことでした。当時はお天気のいい日なんかには、ちょっとベランダに出してもらってたのね。

ベランダに出してもらうときは、赤い縞(しま)模様の柔らかいハーネスを着けてもらって。こんなの着けられるのは邪魔でイヤだったんだけど、これを着けないとベランダに出してもらえないので、仕方ない、着けてもらってたわけ。

いつもはエリーが一緒にベランダにいてくれてたんだけど、その日はお隣のご夫妻が庭に訪ねていらして、三人でおしゃべりが始まったんだ。エリーなんてハーネスについた紐をベランダのテーブルの脚に通して、庭にさっさと出ちゃってんの。わたしのことなんて置いてけぼりよ。

こっちはお客さんが怖いからできればお部屋に入りたいんだけど、ハーネス着いてるし、もう困っちゃって。エリーはちっともベランダに戻らないし、もうとにかくお部屋にーって思ってたら、ハーネスがすっぽり取れたの。ようやくガラス戸のところまでたどり着いたんだけど、お部屋に入るガラス戸は閉まっちゃってる。これじゃあどこにも行けないじゃない。だって、庭では三人がおしゃべりしてるから下りていくわけにもいかないし。仕方ないから、ガラス戸にぴったり張り付いたまま、ずっとすわってエリーを待ってたんだ。

ようやくおしゃべりが終わってベランダに戻って来たエリーはわたしを見てびっくり仰天。何しろ、ガッチリ着けたと思ってたハーネスを脱いで空身でガラス戸のところにすわってたんだから、わたしったら。

「ひゃ〜ドレちゃん、ハーネス抜けちゃったの？」

幸いわたしはどこへも行きませんでした。

以来しばらく、エリーはわたしのことをプリンセス天功と呼んでいました。

これがプリンセス天功事件の一部始終です。

ムンちゃん

ある日、大きな段ボール箱がうちに届いたの。山ほどの詰め物の中から出て来たのは、猫のムンちゃん。彫刻家、越智香住さんの作品で、エリーが東京の画廊で射止めてきたらしい。

顔が丸くて胴が太くて、立派な体格のムンちゃん。すわったポーズでこっちをまっすぐ見つめる目がいいの、とエリーはぞっこんよ。作品名は「俺」なのだけれど、「俺ちゃん」じゃ呼びかけにくいかな、と「ムンちゃん」と別名が付けられました。本名は「俺」、愛称が「ムンちゃん」ってことで。

ムンちゃんが家に来たときから、わたしもムンちゃんが大好きに。ムンちゃんとお隣同士に並んですわって、エリーに記念写真も撮ってもらったんだ。

ムンちゃんが好きなもんだから、わたしったらついムンちゃんのお耳に何度も顔をこすりつけちゃうの。毎日毎日、ムンちゃんのところに行っては顔や体をこすりつけたり寄っかかったりするので、ムンちゃんのお耳なんてもうピカピカよ。

で、このあいだ。久しぶりに一晩越しのお留守番をした日のこと。夕方エリーが帰ってきてホッと安心したものの、どこか素直になれずにごはんを食べたあとはまた屋根裏に行ってしばらくすねてたのね。でも、そろそろ下に降りようかな、って思ったそのときよ。エリーがムンちゃんに話しかけててね、

「ムンちゃんいい子ね、いちばんいい子。かわいいねえ」

って頭撫でたりしてるの。わたしがハシゴのいちばん上の段からじっと見てるのも気づかずに。でも、わたしのキツーい視線を感じたのかな。エリーがハッと振り返ってわたしと目が合った。

このときのわたしの気持ちはね、それは複雑だったわ。丸二日近く一人でお留守番して、ようやく帰ってきたと思ったら、ムンちゃんにいい子いい子してるんだもん。エリーったらまったく。わたしもよっぽどショックを受けたような顔をしてたんだろうな。エリーが慌てて、

「あ、ドレちゃんそこにいたの。降りておいで。ドレちゃん誰よりもいい子だもん

ね」

さっきはムンちゃんがいちばんいい子って言ってたくせに。変わり身がはやすぎるっての。シマッターって顔してね。ごめんごめんって。まったくもう、ムンちゃんとわたしと、本当はどっちがいちばんなの？

それを聞くまではここから降りないんだから。と思ったけど、そろそろ寝る時間だし、まあ許してやるか、と今回はハシゴを降りましたとさ。

わたしは
ドレミ

手をバッテンにして顔を包む

自分で快適に

猫の様子を見ていると、ほとんどいつも快適そうにしている。寝ているときも心地よさそうに丸くなったり長く伸びたりしているし、毛繕いをしているときは、ほとんど陶酔の境地に達しているようだし。

立ち居がなめらかでエレガント。生涯自分の思うままに生きていくのだろう。
外を眺めていて飽きると、ヒョイとお茶碗（ちゃわん）のところに行ってゴハンを食べている。
フリーダムの極致だ。

つまらなくなると
ゴハンを
食べる

お医者さん

ときどきお医者さんに行く。お出かけっていったらお医者さんだけだし。前は、背嚢（はいのう）タイプのキャリーでエリーに背負われて、歩いて行ってた。いつもと違って変な感じだから、

「なあに？　なあに？　どこへ行くの？」

って、背負われてるあいだ何度も聞いちゃった。

「大丈夫大丈夫、一緒にいるからね」

ってエリーは言って、キャリーの底をポンポン、とやさしく叩いてくれたけど、すっごく不安でね。

山のおうちに来てからは、背嚢タイプではなく、四角いキャリーにはいって車でゴー。

前のおうちでは、毎日キャリーに入れられておうちとお仕事場の往復をしてたか

ら、キャリーには慣れてるの。

でも、やっぱりお医者さんへ行くと緊張する。もう、お医者さんに着いてから帰るまで、一度たりとも発声しないんだ。黙って、隣にいるエリーがどっかへ行っちゃわないか、しっかり見てる。待合室にはハアハア言ってる大きな犬や、リードをつけて歩き回ってる猫もいて物騒だし。わたしはひたすら気配を消して、キャリーの中でシーン。社交性ゼロですから。自慢じゃありませんけど。

あんまり静かだから、待合室で一緒になったご婦人に、

「おとなしい猫ちゃんね」

なんて言われちゃって。そのご婦人にだっこされたパピードッグは、不安だからかずっと鳴きどおしでね。まああの仔犬にくらべれば、たしかにわたしはおとなしくしてましたね。

お医者さんに呼ばれて診察室に行くと、キャリーから出されて一人で診察台に乗せられるの。これがまた怖いんだ。もう固まっちゃう。

そのあとお医者さんにだっこされて、おなかを触られたり、耳をめくられたり、

口を大きく開けさせられたりする。助けてーって気持ちでいっぱいなのに、エリーはわたしを助けるでもなく、お医者さんとふつうにお話ししてるんだから。ときどき笑ったりしてるのよ。人の気も知らないで。

失礼なことに、チクッと痛い針を刺されることもある。そういうときも、ジッと黙って耐えるんだ。早くおうちに帰れますように、早くおうちに帰れますようにってひたすら祈りながら。

これで診察は終わり、お役御免となると、診察台にキャリーが置かれます。エリーが入り口を開けたら、もうできるだけ早くはいっちゃう。スタコラサッサ。早く早く、キャリーの入り口閉めてちょうだい。それで車に乗っておうちに帰ろう。

おうちに帰ったら、いちばん好きなおやつだからね。お願いしましたよ。

包帯服

生まれて半年くらいたったとき、わたしは避妊手術をしました。そのあと二週間くらいは包帯服を着ていたの。後半の一週間はもう包帯服もボロボロでね。そのボロっぽいのが面白いとか言って、エリーはさんざん写真を撮ってましたけど。

これでも最初はちょっと似合っていたんです。ホルターネックのね、ジャンプスーツみたいで。高めに包まれた首と、大胆に開いた肩がミスマッチで、なかなかにセクシーだったのよ。

傷口がかわいて、ようやく先生に包帯服を脱がせてもらったとき、エリーは「記念に」とか言ってそのボロになった包帯服をもらって帰ってた。

しばらくおもちゃのカゴに入っていたから、たまに思い出すとその包帯服を引っ張り出して、噛みついてメチャクチャに引き裂いたりしていたわ。別にいい思い出の品っていうわけでもないですから。

術後一週間

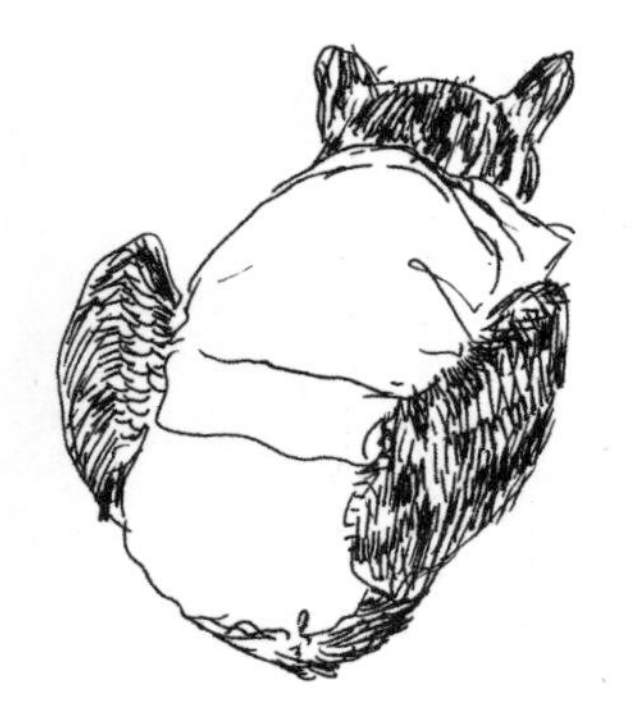

包帯服着て
外を見るドレ

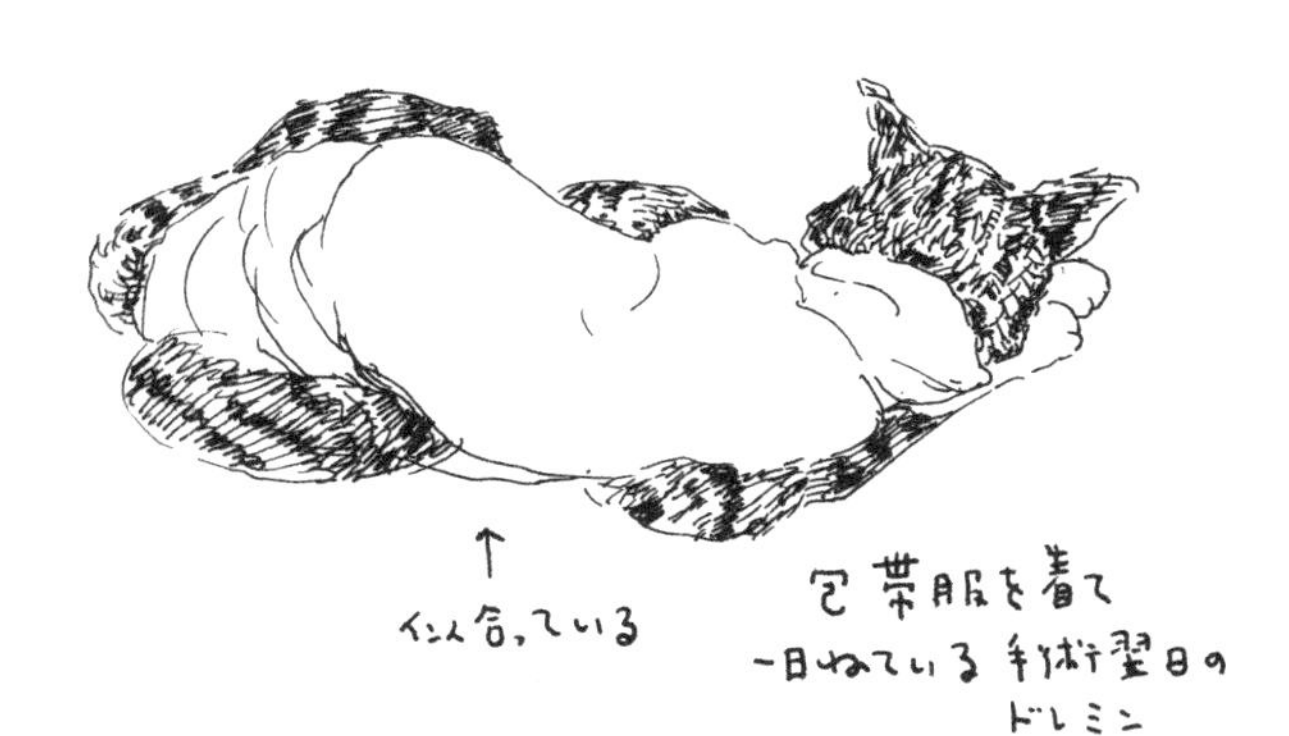
↑
似合っている
包帯服を着て
一日ねている手術翌日の
ドレミン

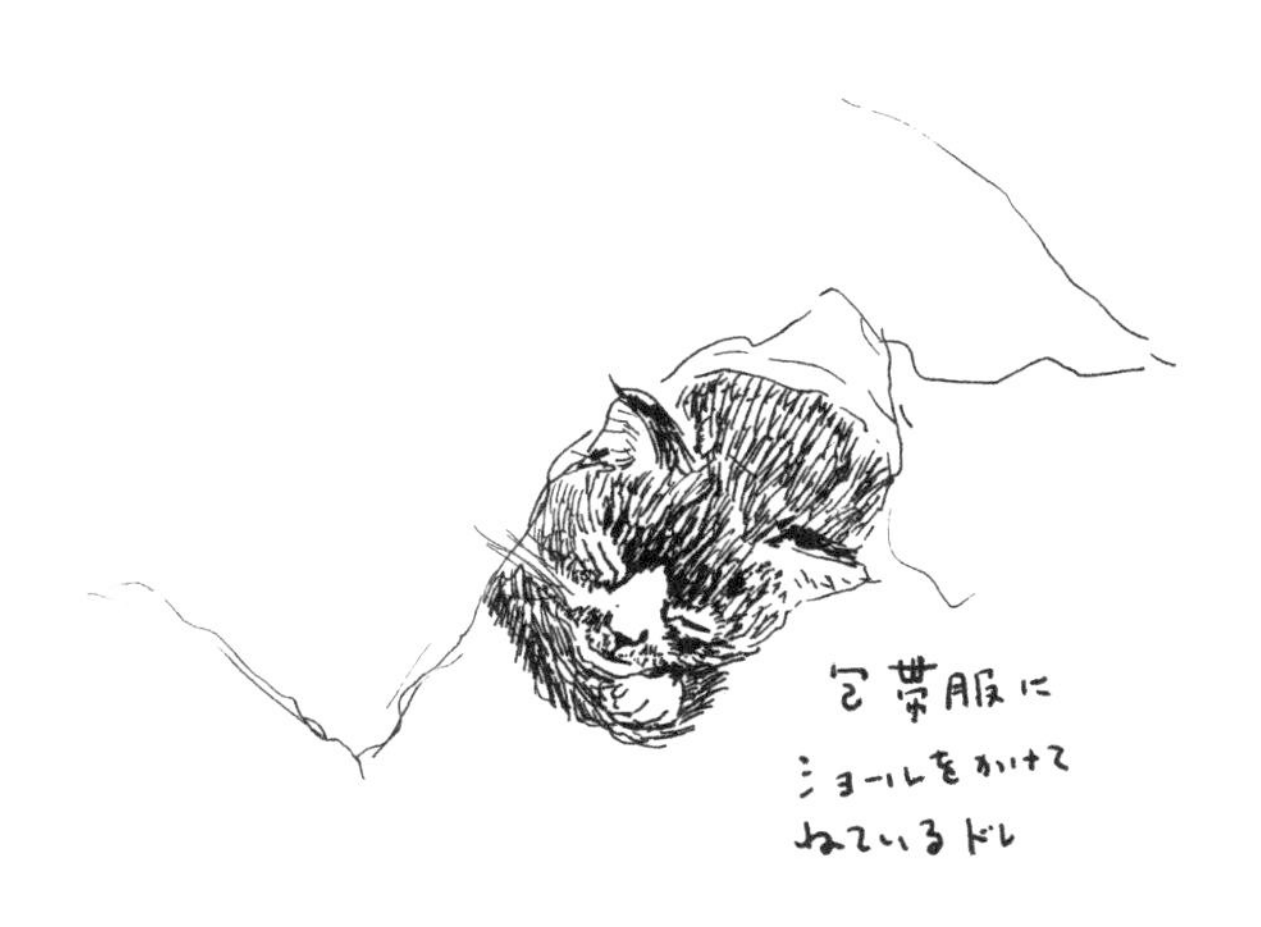
包帯服に
ショールをかけて
ねているドレ

お留守番

お留守番はね、ちょっとの時間だったらそんなにいやじゃない。おやつ食べて、ベッドか屋根裏で寝てればすぐだし。エリーが帰ってきたときも、わりと機嫌よくしてられるんだ。まあ玄関までお出迎えなんてことはしませんけど。ああ、帰ってきたのね、って横目で見てるだけ。でも、お留守番のごほうびでおやつをもらえるし、許せる範囲ね。

ただ、お留守番が短くても長くても、いやなのは「あ、お留守番かな」ってわかるとき。エリーがいつもと違う感じでちょっと忙しそうに動いていて、鏡台でお化粧したり、着替えたりしてると、あ、これはお出かけするんだな、ってわかるの。鞄なんて持っちゃってね。

こういうときは、せめてもの抵抗の意思表示として、屋根裏に昇るハシゴのいちばん上の段に乗るか、屋根裏の柵に乗って、じーっとエリーに睨みを利かせる。チェシャ猫ポーズね。簡単に「行ってきますのハグ」なんてさせないんだから。

「ちょっと行ってくるね」

とか、

「すぐ戻るから」

っていうときは、本当にちょっと近所のお買い物らしくてすぐに帰ってくる。

「暗くなる前に帰るね」

ってときは、少し時間がかかるとき。いやな感じなのが、

「明日には帰ってくるから」

っていうのと、もっとひどいのが、

「明日の夜には帰るからね」

ひと晩中プラス暗くなるまでのお留守番よ。これはあんまりいいもんじゃない。

なんかエリーの動きが怪しいな、と思っていると、気がつけばお茶碗がいつもより二つも三つも多く並べてあって、う〜ん、ますます怪しい。さては今晩帰らないつもりだな。しかも、わたしの好きなごはんばっかり出てるの。エビクリームスー

プとか、ささみのホタテ添えとか、焼きカツオくんとか。これもなんかあっちの思惑が感じられてね、簡単によろこんでたまるかって思っちゃう。けどやっぱりおいしいから、くやしいけどエリーが帰ってきたときには全部のお茶碗が空っぽになっちゃってる。帰ってきたエリーがお茶碗を見て、

「ドレちゃん、いつもの二倍の量出しといたんだけど、全部食べちゃったね」

出かけるときはちょっと心配なので、いつもより多めに出しておくんだって。ってそりゃ出されたものはみんな食べますよ。残さずに。お留守番のときに限りますが。文句ありまっか?

オーバーナイトでお留守番のときは、エリーが帰ってきても素直によろこべないので、エリーが部屋に入ってきてもスーッて逃げちゃう。屋根裏までハシゴ昇っていって隠れちゃう。エリーも追っかけてくるけどね、コート着たままハシゴ昇って。上まで来られると、ついゴロリンってなでなでされちゃうのがまだわたしの甘いところではあるけれど。

ごはん食べられてよかったよかったって、さらに「まだおなかすいてる?」なん

ておやつくれるっていうから、すっかり軟化してハシゴを降りていくの。

エリーが、

「出かけてる先でもずっと寂しくて、ドレちゃんどうしてるかなあって心配してたんだ」

なんて言うのを聞きながら、おやつをもらって仲直り。これでお留守番事案は、一件落着です。

だんだん声が小さくなる

なにか言いたそうにこっちに来て、
大声で、

「ニャ〜！」

と言うので、

「なに？」

と聞くと、今度は中くらいの声で、

「ニャー」

と言う。

「だから、なに？」

とちょっと意地悪くまた尋ねると、
不安そうな顔になって、

「ニャ」

と言う。

「はー?」

と返すと、もう消え入りそうになって、

「ニ〜……」

だんだん声が小さくなっちゃって。

意地悪してごめん。

おやつでも食べようか。

ニャ
は〜?
だんだん
声が小さくなる

夢中なエリー

お風呂から出てコンタクトレンズを洗うのに夢中だったエリーに、隣にいることを気づかせるため、脇に置いてあるバスタオルの上に乗って、バリバリバリって大きな音をさせて自分の肩を掻いたんだ。

でやっとエリーはわたしがここに来ていることに気付いて、うれしそうだった。

不思議なソファー

前のおうちにあった、小鳥と野葡萄の蔓草柄のソファー。エリーのお仕事場にあったんだけど、エリーはときどき仕事中にサボってここに寝転がるのね。エリーがこのソファーに寝転がると、なぜかわたしもすぐ走って行ってエリーのおなかのところにギューーッてくっついて寝てた。

いつもはわたし、とってもクールな態度をとってるからいつもとちがうわたしの行動に、エリーなんてよろこんじゃって。でもあんまりよろこびすぎるとまたわたしがスーッて離れて行っちゃいそうで、そうすると寂しいし、ってちょっと戸惑ってた。でもうれしそうだった。

自分から進んでエリーのおなかにギューーッとくっつくなんて、普通にはありえないんだけど、なぜかあのソファーにエリーが横になると、自然に自分も走って行っちゃったんだよね。どうしてだったのかな。とっても不思議なソファー。

今のおうちにはそのソファーはないから、もちろんエリーにくっつきに行くなんてこともナシ。エリーは最近おニューのふかふかした絨毯(じゅうたん)に寝そべって、

「ドレちゃんもおいでよ」

なんて言うけど、どうぞおかまいなく。その絨毯の上の方の、エリーには届かないちょっと離れたところでゴロリンとします。この絨毯の魅力には勝てないからなあ。

シッポでお返事

こっちが眠いときにさあ、質問してくるんだよね、一緒に住んでる人は。

「ドレちゃんは、いい子?」

そんなの、聞かなくたってわかってるじゃない。

「ドレちゃんは、美人さんですか?」

それも先刻ご承知でしょ?

「ドレちゃんは、天才ちゃんなんだっけ?」

もう証明してると思いますけど。

で、いちいち返事はしていられないから、全部シッポで返事。

「ドレちゃんは、スーパーキャット?」

パタパタ。

「ドレちゃんは、お利口さんですか?」

パタパタ、パタン。

「ドレちゃんは、オカやんのことが好き?」

……パタ。

もういい加減にして眠らせてください。

これ、質問してるっていうか、わたしがシッポを動かすのが面白いから、それを見たくてやってるんだよね、きっと。まったくもう。

待ってなんかないもん

ハッと気づくと部屋に一人ってことがたまにあるんだ。エリーが洗濯物を取り込みに表に出ていたり、お風呂の掃除をしていたり、はたまたトイレに入っていたり。こういうときは、気になるからドアのところまで行ってみるんだけどね。

別にエリーを待ってるわけじゃないのよ。ちょっと行ってみるだけなんだから。

でも、戻ってきてドアの近くにいたわたしを見つけると、エリーは、

「ドレちゃん、待っててくれたの?」

なんてうれしそうに言うんだよね。だから待ってませんって。

そう言われないためにも、エリーが戻ってくるとわかったところで素早くその場から立ち去らないといけないの。でも、一瞬遅れて見つかっちゃうこともあるんだな。シマッターって思うよ、そういうときは。全力で走り去る後ろ姿を見られるのがいちばん恥ずかしいもん。

あれ、エリーどこ行っちゃったんだろう、こっちにいるのかな、と歩いて行ったところに、戻ってきたエリーと鉢合わせするときもある。こういうときも、瞬時にUターン。

別にエリーを追っかけて来たわけじゃなくって、たまたまわたしが個人的にこっちに用事があったから歩いていただけなのよ。でも、やっぱり戻ろうかなってことで戻ってるわけで。待ってたんじゃないんだから。そこのところ、誤解しないでほしいんだな。

邪魔することが生きがいさ

机について仕事を始めると、ニャーニャー言いながら小さな手で背中を叩いてくる。床から伸び上がったり、椅子に乗ったりして。さらに増長して、椅子の背にまで登ってきて、背中どころか飼い主の頭をポンポン叩く。なにをするジャ。

ニャー

すわって仕事をしていると、ニャーニャー来る

飼い主が、自分ではなく他のことに集中しているのが気に入らないのかと察せられる。とはいえ飼い主が仕事できないと、あんたのごはんもままならなくなるのだよ。そこんところ、わかっておるのか。

飼い主日記

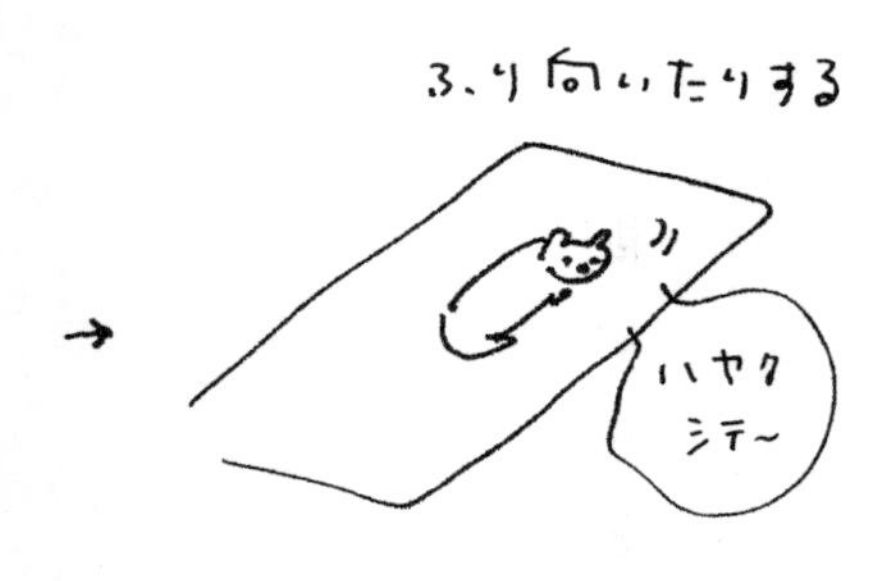

某月某日

夕方はじめて毛玉吐いた。

午後きちんと説明をせずに仕事場へ行って、すぐに戻るつもりがけっこう時間がかかって、三時間くらい留守にしてしまった。

帰ると「ニャ〜」と抗議の声を上げ、いつものようにスタスタとサル布団（座布団を二枚つなげた大きさの炬燵(こたつ)用布団。猫が愛用）へ行く。ナデを要求されるので、しばらくナデナデしてやって、そのあと布団と洗濯物を取り込みに。

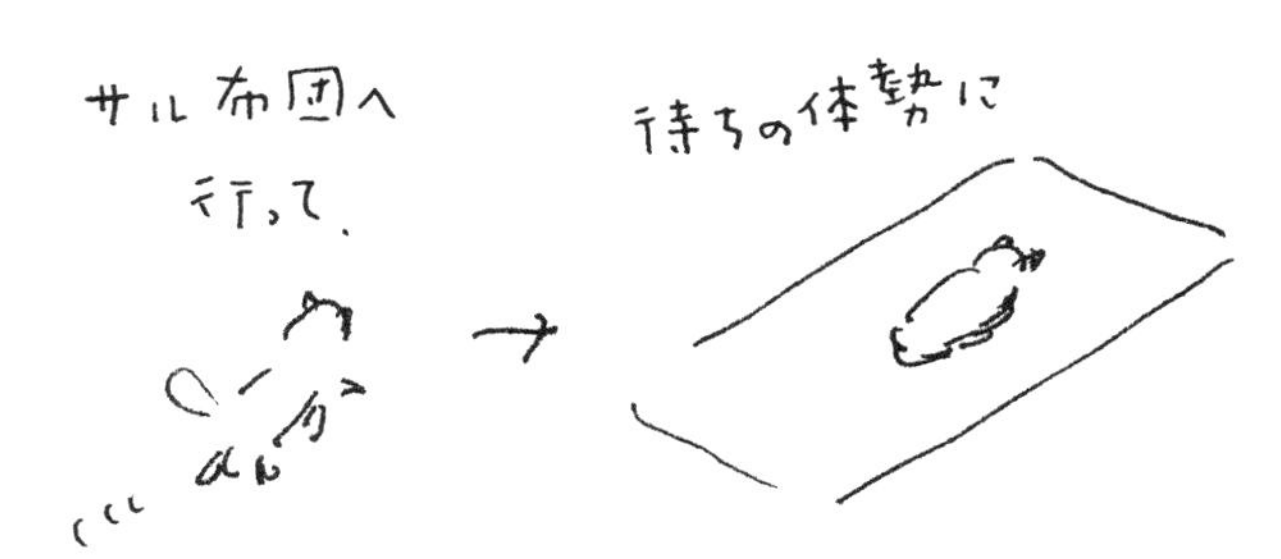

取り込んでいる間、中の方で「ニャ〜アオ」と妙に大きな声で鳴いていた。取り込んだあと、ハンガーなど片付けていたら、テーブルの下の方にすわっている。じっと。そしたら毛玉吐いてた。その吐いたものの前に、困った顔してすわってんの。かわいそかった。

　少し様子を見て、あんまり具合が悪そうだったら、お医者さんへ行こう。

某月某日

久しぶりの爪切りで大さわぎだった。

知人の家で会った猫シッターさんに教えてもらった方法は、結局効果なし。首筋に洗濯バサミふたつ、それに頭に小さい洗濯ネットをかぶせるというもの。

洗濯バサミを首筋につけても表情ひとつ変えないことに逆にこちらがビビり、さらに洗濯ネットなどは激しい抵抗に遭って、とてもかぶせられたものではなかった。そもそも洗濯ネットなんてかぶせたくないという思いがあり、よけいうまくいかなかったものと思われる。

いつにも増して暴れ、のた打ち、こちらの手首に噛みつき引っ掻き、またしても派手な流血騒ぎに。で、バサミ&ネット作戦は中止。お互い素手ゴロでいくことにする。

今日ばかりはここであきらめては今後爪を切れなくなると思い、打って変わってとにかくナデナデと子守唄のなだめすかし攻撃。しばらくしてうつ伏せに長くなったところに甘い声を掛けつつ、うしろから抱き込んでみると、急に静かになって動かなくなった。懐柔作戦成功だ。

ので、ようやく前後左右全ポー計十八本の爪切りを完了。

そのあとなぜか妙に穏やかになって、すぐそばに来てポケーとしているので、お詫びにちゅ〜るおやつをやった。まだ欲しそうにしているので、特別に干しカマもちょびっと。いつもなら食べ終わるとすぐなんのお礼もなくダッと飛んで行くのに、今日は食べ終わってからもしばらく（といっても二十秒くらいか？）膝にゆったり横ずわりしてた。なんでだ？

いつも凄絶なバトルの後に、親密な雰囲気になる不思議な猫。

某月某日

きのう、新京極のぴょんぴょん堂でオマケにもらってきた井筒八ッ橋食べてたら、珍しくすっ飛んできて膝に乗った。え？　八ッ橋食べたいの？　小さくかけらにしてやったら、カリカリ食べてんの。ふたかけやった。さいごのね。そのあと思い出したように自分のお茶碗のカリカリをまた激烈に食べていた。これも相当珍しき。

某月某日

シリコンゴムの笛付き人形、黄色い龍の子タッちゃんは、一回目でみごと頭のてっぺんについた角を噛みちぎられ、あっという間に笛が鳴らなくなってしまいましたとサ。

シリコンゴムの噛み心地がいいのかな。別にお人形じゃなくても笛が鳴らなくても、このシリコンゴムみたいなものを噛ませてやればいいのだろうけど、シリコンゴムの塊なんぞは売ってないしなあ。困ったものである。

以前、フランス製の赤ちゃん用ゴム人形、なんとかいう名前のキリンを与えたところ、これもまたやはり初日に顔面が食いちぎられ、そうとう悲惨なことになっていたのだった。

某月某日

きのう、お夕飯あとにとなりの椅子で気持ちよさそうに寝ているところを、そーっと気づかれないように膝に移して抱いたら、奇跡的に五分間くらいおとなしく寝てた。

今日もやってみたら、三分間くらいネボケて寝てた。でも、あくび連発して目が覚めて逃げようとするので、さらにおなか出しで抱いたら、また三分間くらい、勘違いしたのか静かに寝ていた。その後、ジタバるのでおろしてやった。

今はガマのスツールで寝てる。タオルかけてやったら、さらにすーすー寝てる。

今日はイギリス映画「ボブという名の猫　幸せのハイタッチ」を観てきた。終映後、シネスイッチ銀座の劇場内全体に、優しく甘い猫愛モードが充満していた。
ボブかわいかったなー。肩やギターに乗っておとなしくしていて、
えらいなーボブは。

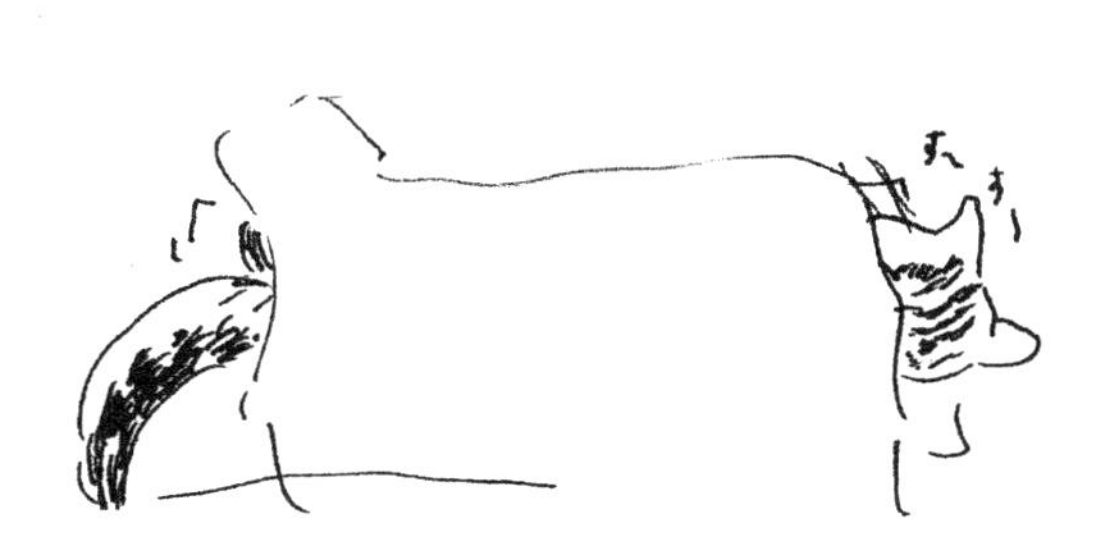

某月某日

今日は帰ってきてから、何度呼んでも押し入れから出てこなくて、着替えてトイレ行って手洗って戻ったら、ドアの前にすわってた。

スーパーにしか寄れなかったので、お土産にシーバ三種、モンプチ二種、焼きかつお二本買って来た。シーバのお魚フィレとろり系をお夕飯にした。おいしかった？　でも半分しか食べてニャイ！　コマッタモンダ！

某月某日

ゆうべ夜中にトイレに起きて戻ってきたら、一緒にお布団に入って来て、その後一大パー大会。グーグルパーパー

トイレで
真剣な表情

激しかった。ぴったりスプーニングして、ちょっとでも喉をさする手を休めると、首を反らせて「もっとー」という感じ。しばーらくこうしていて、ようやく落ち着いて寝てた。

某月某日

うんちがうまく終わらなくて、お尻を床にすりつけて進む。ひどく鳴きながら。

前も一度そういうことあったけど、そのときはうんちはちゃんとトイレの中。でも今日はうんちが外に出ちゃって、しかもお尻に残って畳にもちょっとすりつけちゃった。自分でもどうしていいかわからなかったらしく、かわいそうだった。もちろん叱ったりしません、こういうときは。

某月某日

今日はカモインテリアさんに、仕事場の廊下のドアのお直しを頼んだ。

ピンポンと来てくれたときに、いつものように猫はさっとソファーの後ろに隠れたのだった。そこはいちばんお客さんから見えない場所なので。ところが今日、カモさんはちょうどそのソファーの裏が丸見えになるドアを直しにきてくれたんだから、

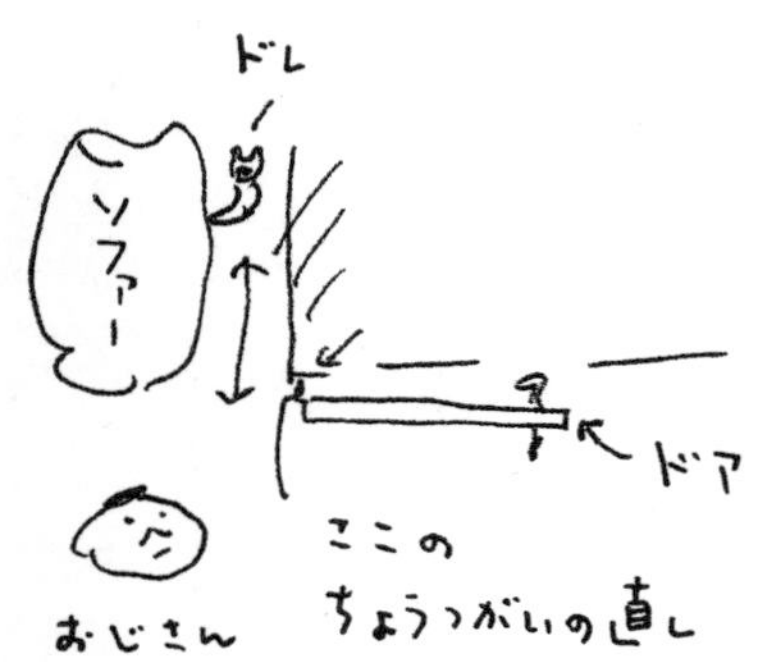

隠れた猫と超至近距離に！

　おじさんがだいたい様子を見てから、お道具を取りにいったん車へ戻ったとき、猫は家の方に帰しておいた方がいいと思い、ソファーの後ろから引っ張り出した。普段だったら「やめてください」みたいな感じに硬くなって大抵抗をするのに、今日は完全にやわらかい餅状になって、おとなしくキャリーにはいって戻ったとさ。よほどコワかったんだね。

某月某日

ゆうべ明け方にふくらはぎをバリバリかんできた。そのあとしばらくしたら、布団の上を爪先の方からおなかまで踏んで歩いて来て、そのまま通り過ぎて窓の方へ行ったたん。

たしかにゆうべは枕もあまり寄せずに、猫の寝る場所にも手を広げて「ンガー」と寝ていたので、

「ワレの寝るところがニャイ！」

とおこったのかも。それともおなかすいてたのかな。

だからめずらしく一度も枕元にきて寝なかった。さみしかった。

窓へ
いつもの
ドレスペース
ニャー
ニャー
ニャー
ニャー
今朝はなんかうるさい

某月某日

このごろ、お膝二分とか三分くらい、いられるようになった。

おとといだっけ、一度自分でお膝にきた。でもハッと気付いて、

「あ、なにやってんだワタシ」

みたいな感じになってすぐ飛びのいた。

でもうれしかった。

今日はお留守番してたところに帰って抱っこしたら、二分くらいじーっとしていた。またうれしかった。

飼い主によるあとがき

猫を飼いはじめて今年で四年。初めて飼う猫に、毎日の生活全般を支配されることになり、大げさではなく、それまでとは人生が大きく変わった。

もちろん、それはいい意味で。

とはいえ、猫が家に来て最初の二週間くらいは厳しい日々だった。「猫を飼わない？」と声をかけられ、飼う決心をするまでもかなり悩んだが、決心をしていざ猫が来てみると、こんどは猫の気持ちがわからなくてオロオロしっぱなし。隠れてばかりいる仔猫に、「こいつは我が家に来て果たして幸せだったのだろうか」。心配がつのった。そうはいっても、夜は布団に来て一緒に寝るし、それほど嫌われてもいないのか、と気を取り直してみたりもし。

猫は子供のころからずっと好きだった。姿も声も可愛くて、柔らかな身のこなしも魅力的。道を歩いていて猫を見かけると、声をかけずにはいられない。ただ、小学生のころ犬を飼っていたことはあったが、猫はよその猫をほんのちょっとかまうくらいで、親しく接することはほとんどなかった。

果たして毎日猫と一緒に暮らすようになると、今まで知らなかった猫の仕草や行動などを次々と見ることになり、おどろきの連続だった。

可愛さも、ただ猫全体の可愛いイメージしか持っていなかったところ、具体的な仕草、たとえば前脚をバッテンにして顔を隠して寝るであるとか、トイレの砂を一心に掻くであるとか、撫でているとクルリと身をねじって首からお腹まで丸出しにするであるとか。そんな一つひとつにおどろき感激し、日に日に愛しく思う気持ちが増大していった。いまだにその思いは、日ごとに増すばかり。

猫の目の美しさにもまたびっくり。横から近づくと、透明なドーム形の大きなレンズが見える。猫の目ってこんなふうになっているんだ。知らなかった。虹彩の、剝(む)いた葡萄のような色に吸い込まれそう。

そんなふうに暮らしているうちに、最初期の不安は霧消、気がつけば猫中心の暮らしになっていた。甘ったれではなく、クールな性格の我が猫なれども、こちらは自らが溺れるような愛情を降り注ぐようになった。

毎食の支度はもちろんのこと、トイレの掃除もいそいそと。猫のうんちやおしっこを、汚いと思ったことはない。自分以外のことであれこれ世話をすることが、ここまでのよろこびになるとは。猫を飼うまで予想していなかったことだ。

これからも、あったかくていい匂いがして喉をゴロゴロ鳴らす愛しい我が猫と暮らしていけると思うと、幸せを感じてドキドキするほど。

ドレミ猫を我が家にもたらしてくれた、リリーさんとレリーさんには感謝してもしきれない。あらためて、お礼申し上げます。

猫を譲り受けたとき、リリーさんに「ドレちゃんの本を書いてくださいね」と言われたのだった。自分としても、飼ったからには猫の本を書きたかった。ずっとずっと、どのような本にしようか考えていた。そして今、ようやく出来上がった暁。

編集を担当してくださった足立恵美さんはじめ、本書の制作に尽力してくださった亜紀書房の皆さま、どうもありがとうございました。

丁寧に校正をしてくださった牟田都子さん、そして小粒でキュートな本にデザインしてくださったアルビレオの草苅睦子さんと小川徳子さんにも、心よりお礼申し上げます。

猫を飼っている方もいない方も、猫をいとおしく思う多くの方々にこの本を読んでいただけたら、それがなによりのよろこびです。

二〇二一年四月二日　桜の咲きはじめた山村で

平野恵理子

カバー文字・絵
平野恵理子

装丁
albireo

平野恵理子　ひらのえりこ

1961年、静岡県生まれ、横浜育ち。イラストレーター、エッセイスト。山歩きや旅、暮らしについてのイラストとエッセイの作品が多数ある。著書に『五十八歳、山の家で猫と暮らす』（亜紀書房）、『こんな、季節の味ばなし』（天夢人）、『きょうはなんの記念日？ 366日じてん』（偕成社）、『あのころ、うちのテレビは白黒だった』（海竜社）、『庭のない園芸家』（晶文社）、『平野恵理子の身辺雑貨』（中央公論新社）、『私の東京散歩術』『散歩の気分で山歩き』（山と溪谷社）、『きもの、着ようよ！』（ちくま文庫）など、絵本・児童書に『ごはん』『たたんでむすんでぬのあそび』（福音館書店）、『和菓子の絵本』（あすなろ書房）など、共著に『料理図鑑』『生活図鑑』（おちとよこ、福音館書店）、『イラストで見る 昭和の消えた仕事図鑑』（澤宮優、角川ソフィア文庫）など多数がある。

わたしはドレミ

2021年6月6日　第1版第1刷発行

著者　平野恵理子

発行者　株式会社亜紀書房
〒101-0051 東京都千代田区神田神保町1-32
TEL 03-5280-0261（代表）
https://www.akishobo.com/

印刷・製本　株式会社トライ
https://www.try-sky.com/

978-4-7505-1695-0 C0095